10 Principles of Artful Garden Design

Design.est 最设计·“10 原则”之 4

景观园林设计 10 原则

〔英〕苏西·怀特（Susie White）著　高彩霞 译

山东画报出版社

图书在版编目（CIP）数据

景观园林设计10原则 /（英）苏西·怀特著；高彩霞译.
—济南：山东画报出版社，2014.5
ISBN 978-7-5474-1066-0

Ⅰ.①景… Ⅱ.①怀… ②高… Ⅲ.①景观–园林设计
Ⅳ.①TU986.2

中国版本图书馆CIP数据核字（2013）第261259号

责任编辑 郭珊珊
装帧设计 王 钧
主管部门 山东出版传媒股份有限公司
出版发行 山东画报出版社
社 址 济南市经九路胜利大街39号 邮编 250001
电 话 总编室（0531）82098470
市场部（0531）82098479 82098476（传真）
网 址 http://www.hbcbs.com.cn
电子信箱 hbcb@sdpress.com.cn
印 刷 山东临沂新华印刷物流集团
规 格 160毫米×230毫米
11印张 160幅图 70千字
版 次 2014年5月第1版
印 次 2014年5月第1次印刷
定 价 39.00元

如有印装质量问题，请与出版社总编室联系调换。
建议图书分类：园林景观 / 环境艺术

目　录

前言

Introduction

前言

园林设计是一种高雅的艺术形式，然而人们对此却常常有所忽略。虽然园林在艺术形态上不同于绘画或雕刻，但好的园艺设计却一样能够超越现实。园林设计会给你的生活带来挑战，也会给你的身心带来愉悦，它就像一间画廊，当你漫步其中时，自然而然地就会编织起记忆的画面。园林设计需要丰富的想象力与创造力，这会涵盖视觉艺术中的种种元素，如形状、色彩、质感、线条、大小与搭配，然而这并不意味着园林仅是视觉艺术，因为它可以同时作用于我们的五个感官。

我的一生都在研究园林艺术，记得我还是个孩子的时候，有一次吃力地推着装满花草的独轮手推车，然后又用一个远远高过我的园艺叉子兴奋地挖掘着园中的泥土。在儿时的花园里，常常引起我注意的便是园子中不整齐的边缘，还有果树下和偏僻的角落中野生的植物，这些景象时刻都在赋予我创作的灵感。

左页图

在苏西的花园中，各种植物看上去自然和谐。

篇章页图

在吉维尼小镇莫奈的流水花园中，艺术与园林产生了完美的交融。

牛津大学植物园中，被种植在一起的郁金香和勿忘我

成年以后，我凭借着儿时脑海中留下的美丽回忆，在英格兰北部的哈德良长城（Hadrian's Wall）附近修建了切斯特围墙花园（Chesters Walled Garden）——有些遗憾的是，开设23年后就关闭了。在此工作期间，我尝试创立出自己的风格：一种将灌木修剪法与野花等多年生植被相互搭配的方法。

现在，我可以在自己的私家花园里尽情试验，无拘无束地种植各种花草。能拥有这样一块土地，我感到很快乐，因为这样就可以在此涂抹自己喜欢的颜色，让自己的想象在此畅游。要想设计出一个与众不同的花园，你可以尝试多种方式，其中一个方式就是“随意”——大胆地运用刺激人感官的色彩以及抽象化的设计，并听从内心的安排来布置植被的生长地点。就像创作绘画作品一样，一个花园在经过精心地布局后，按照设计好的图纸认真地去建设。关键的是，无论你使用哪种方法，最重要的是你能感到精力充沛，并乐在其中。

伟大的思想家、革命家、艺术家与园艺家约翰·罗斯金于19世纪创建了牛津罗斯金绘画学院（Ruskin School of Drawing），我曾在此进修美术课程。这所学院位于英国克尼斯顿湖边，此处的花园是个很能持续启发灵感的地方。在那里，地方特色的元素以及创始人所信仰的知识理念，至今仍被不断地尝试。他主张直接观察大自然，并通过观察植物的生长环境来加深对植被种植地点与种植方法的了解。作为罗金斯绘画学院的学生，我却更愿意在牛津植物园呆上数个小时，常常选择在一个具有异国情调的玻璃房里作画，或者从种植床中了解各种植物类群。

马路对面就是摩德林学院（Magdalen College），此处河畔的草地上长满花格

牛津摩德林学院的草地上，低垂花朵的花格贝母

贝母，这是优雅且罕见的野生花朵，看起来好似刻有紫色网纹的白色珠宝，又像低垂着的灰色铃铛。这片草甸四季如春，如同中世纪的草地那般清新绚丽，与著名的格洛斯特郡里的海德考特庄园（Hidcote Manor）一起深深印在了我儿时的记忆里。当我移居到英格兰北部时，我又意外地发现了北奔宁山的高地草甸，那里形形色色的花草随风形成了波浪起伏的线条。所有这些都潜移默化地使我的园艺风格发生了变化，与新自然主义运动提倡利用自然景观或农场景观的观点一致。

在设计这座新花园的过程中，我所面对的挑战就是如何使它与周边的景色相呼应。它位处一个寂静的村庄，周边流淌着溪水，在设计时，我除了考

右页图

英格兰斯塔福德郡中，一个

村舍花园的繁茂景象

虑到那些低矮的丘陵和本土的树种，还参考了山谷草地的颜色、轮廓和样式。特别是在种植植被时，我尤为快乐，因为这次我不用花费大量的心思与时间来策划，只需随意地把它们埋在土里。当然这里要注意两个起到指导作用的主题：一个是植被的颜色，另一个是植被的生长期。

为了塑造空间感，房屋近处最好是亮丽些的颜色，远处则应选择冷艳的颜色，这样的设计会使花园显得比实际要大，同时彼此间的色调更容易相融合，而不是孤立远处的风景。这里要谈到的第二个主题，就是如何恰如其分地利用时间：当春天始于西边的树丛下，唤醒了东边的耐寒花和沉睡的小草后，就步入到了春意盎然的季节。这样，花园就像是大钟表的时针，在土地这块背景布上划上了时间的痕迹。

时间可以创造出额外维度的奇迹，使得园艺令人着迷，又令人感叹不已。植物高低错落有致，也会移动，还会随季节变化，从稚嫩到成熟，再到枯萎，因此植物间的关系时刻处于变化之中，这也使得园艺新手在组合搭配植被时感到不知所措。此时需要学习的一方面就是，应该从花园的自然格局中吸取灵感，然后做简单的尝试，使你能够体会到植物随时间变迁所发生的一系列变化。在花园中，一年就是一个循环，你很难知晓它始于何处，又将终止于何处。这种非静态的特点带来了巨大的挑战，也许在某个时刻还是个杰作，到下一个时刻可能就失去了光彩。所以，同时兼顾到所有的可变因素，就是园林设计技巧的精华所在。

自然主义风格的园林与城市和乡村息息相关，它为我们的城市带来了一种

上图

英格兰汉普郡格特鲁德·杰基尔花园中的浪漫花圃

右页图

威廉·罗宾逊这位“野生园艺家”在英格兰的家——格莱夫泰庄园（Gravetye Manor）

更宽广的布景手段。新自然主义运动由始于20世纪90年代的欧洲，所利用的是大片的多年生植物，这些植物可以以一种看似自然且流动的设计和谐共存。此观点可以追溯到19世纪时期爱尔兰人威廉·罗宾逊（William Robinson），以及他的代表作《野生的花园》（*The Wild Garden*）。他的那座由多年生植物和本土植物搭配而成的花园，其影响力可以与英国工艺美术运动相提并论，同时，这些作品都曾向维多利亚时代拘谨与奢侈的花坛设计发起过挑战。伟大的花卉栽培家格特鲁德·杰基尔（Gertrude Jekyll）曾为他的《花园》（*The Garden*）杂志贡献出了自己的力量，他们之间的合作也持续了五十多年。

米恩·雷斯的父亲是杰基尔的一位朋友，她在荷兰莫尔海姆的家庭苗圃中尝试着各种不同的栽培

上图

纽约高线公园中的巧妙设计，模仿的就是自然景观。

左页图

荷兰米恩·雷斯 (Mien Ruys) 的花园中篱笆的层次

组合，在 20 世纪时创造出了 25 个园林样板。她主张的是植物需要适应于它所处的位置，设计特点是运用高低错落的篱笆板与草地、多年生植物、鳞茎植物和水进行相互间的调配，这样就不会显得那么有束缚感了。同时，她与皮耶特 · 奥多夫（Piet Oudolf）一起，被称为新自然主义运动的领导者，而且这场运动在全球范围内产生了共鸣。如今，这种设计在公园和城市大规模栽培中也受到了广泛应用。

城市设计经常需要适应有限的土地和具有挑战性的位置。皮耶特 · 奥多夫接受了委任，对纽约曼哈顿西区中的废旧铁路（高架铁路）进行了改造。如今，它变成了一个线型的公园绿地，这种带有自然主义风格的种植与曾经生长于废旧铁轨间的野生植物交相呼应。与奥伊默、凡 · 斯韦登以及华盛顿特区的伙伴们组织的美国新花园运动一样，这种风格旨在自然环境中寻找灵感，利用大片色彩缤纷的草地，把观赏草与生命力顽强的美国本土花卉交织在一起，构成持续性的景观。最后能够让我们从艺术的角度去欣赏枯萎的植物和花丛中摇曳的种子穗。

自从 20 世纪 90 年代以来，与天桥对商业街的影响一样，新自然主义风格运动以同样的方式被列为了流行园艺。它顺应了人们对生态系统的脆弱性和本土植

右页图

在纽约州，奥伊默、凡·斯韦登以及伙伴们设计的Schupf花园中巧妙简单的栽培植物。

物的重要性所产生的认知度。这个风格强调为适当的地点选择适当的植物，它适用于不同的国家，当地独特性可以在一片本地野花中突显出来。一般来说，它是由紫色、红色、棕色和黄色所组成的和谐调色板。

这个调色板的对面就是由外来植物组成的高彩度组合，迟季的大丽花和美人蕉会与香蕉树和棕榈树那浮雕般的叶子拥挤在一起。这种风格突出的是叶子和明艳的颜色，非常适用于小镇花园。它可以创造一个独立的虚幻空间，自成一体，远离现实。与新自然主义风格的淡色调相比，它拥有一种卢梭画作所具有的力量和装饰效果。

在本书中，我将会展示设计一个精巧的花园需要遵循的十大关键原则。尽管这里频繁出现的词语同样也适用于视觉艺术，比如色彩与形态，层次和光线这些更加微妙的词语，但对于一个花园而言，这些词语并不像表面显示的那么简单。与图画不同，园艺是一种活的艺术，植物会生长也会枯萎，会随着时间和季节的变化而发生变化，这就为构成花园的各个因素增加了一个新的维度。

原则 1

构成

原则1　构成

许多用来描述园艺设计进程的词语同时也会被画家们所使用。其中与视觉艺术产生特殊共鸣的词语就是“构成”。对设计者而言，这存在一种双重性：一方面是构成的鸟瞰图；另一方面是地面上呈现的方式，这是一个完全不同的方面。平面蓝图必须被想象成为一个能看得到摸得着的空间，这在很大程度上要取决于个人经验。平面图上的各种形态会随着视角的不同而发生变化，但植物是三维的，并非二维的。

左页图

这个现代花园的强烈线条感带给人一种平静的感觉。

篇章页图

塔型紫杉和经过修剪的灌木，使得这个多塞特花园结构强固。

右页图

一个传粉花园的设计，利用植物来吸引蜜蜂、蝴蝶和飞蛾。

创建图样

本质上来说，图纸设计就是一个图样，人们可以在纸面上寻找平衡。大多数人会把房屋作为一个固定起点，然后从这里开始确定出边界。在按比例绘图时，有趣的事情也就出现了。你最好复制多张轮廓的图纸，然后根据自己的想法在上面随心地描绘出矩形、圆形、三角形、弧形或者抽象的图形。当这些主要板块组建成一个令人满意的图样时，你就可以开始思考如何把它们转变成为独立的使用区域和趣味区域。如果一个花园遵循了基本的设计原则，那么它就具备了统一性，随后再在这个基底上添加植物、材料、设备和水域。

这里的“构成”与艺术存在太多的共通之处，因此园艺家们经常利用图画来寻求灵感也就不足为奇了。荷兰画家蒙德里安（Mondrian）是一个空间划分方面的大师，他那以网格为基底的画作，利用的是原色块和白色空间。蒙德里安是对英格兰北部赫特顿家族公园（Herterton House）的布局产生影响的人物之一。重量感和平衡的并存，使得蒙德里安的作品非常适用于花园的规划，画上的色块可以直接用来代表待铺设的区域，或者大片色块可以用来代表种植植物的区域。

刚韧针芒
野胡萝卜
波斯葱
野胡萝卜
波斯葱
大针茅
紫色柳穿鱼
圆头大花葱
鼠尾草
牛至
橡木长凳
烟草
牛舌草
石板
白波斯菊
紫锥菊
地榆
大丽花
莳萝
“粉色塔纳”地榆
长茎百里香
长茎百里香
刺棘蓟
莳萝
刺棘蓟
“塔纳”地榆
大针茅
波斯葱
大针茅
波纳马鞭草
波纳马鞭草
牛舌草
主要是脂帘褐石
白波斯菊
“银色幽灵”刺芹
“海伦荷萨至”牛至
牛至
绵毛水苏
绵毛水苏

一个如画的花园——英格兰诺森伯兰郡的赫特顿家族公园

美国德克萨斯州，透过紫色墙面能看到简约的种植物。

几何图形

花园里的正方形和圆形、正方形中的圆形和其他几何图形都会给人带来一种平静感。在现实中，它们会创造出随着视角不同而发生变化的视线：拾街而下的收缩景观，原本计划中应该是圆形但实际是椭圆形的水塘。为了与这个设计的组成达到共鸣，植物可以与修剪的灌木、树木或者主视线两侧的物体突显出平衡。这种几何与平衡适用于规整的花园，同时也适用于那些简约空间（拥有非常简单干净的线条，简化的色板，有限的材料和装饰）。只要反映出周边建筑的建筑风格，就说明花园表现出了良好的效果。利用粗犷且简约的外形，花园与现代风格的建筑可以达到完美的匹配。

美国圣地亚哥儿童医院中充满活力的强烈色彩。

曲线和任意形状

划分花园空间无需只依赖于几何形状。流动线条、曲线和任意形状都会给设计带来动感。美国艺术家和园艺设计师托弗尔·德莱尼（Topher Delaney）专门研究康复花园。在她为圣地亚哥儿童医院所作的设计中，具有明快色彩的墙面所形成的弧度，从一定程度上围成了一个生动有趣的娱乐空间。墙面上雕刻出的动物形状促成了光与影的结合，给环境增添了不少愉悦的气氛。墙面舒展的曲线及富有活力的颜色，为简约的栽培创造了一个背景：黄色的雏菊、灰色的桉树枝、芬芳的长穗薰衣草。

右图

美国圣巴巴拉市，不对称平衡来自于精心的布置。

右页图

对称平衡为这个风格优雅的门口增添了一份宁静。

创造一种视觉平衡

当我们在花园中穿行时，对称与非对称会带给我们不同的感受。对称性会给予我们一种井然有序的平静感，但是如果没有构思好的话，它可能就会让人感觉到无生趣而又呆板。对称设计一般都拥有相同的元素对和经典的模式，人们可以从富有灵感的花园中模仿这种对称性，这通常也是新手设计师的选择。非对称性同样也依赖于一种平衡感：趣味的平衡和重量感的平衡。要想创造出视觉平衡和景观的平静，我们需要以一种能够保持稳定性的方式把那些可能差别很大的元素投放到设计构成中。

在创造花园的平衡与和谐过程中，三分法是一种很有用的工具。对画家和摄影家来说，三分法是一种常用的方法，运用的是两条平行线和两条垂直线对平面空间进行划分。划分出来的小空间就成为了九个相同的矩形。四个交叉点被称为"能量点"，当我们在其中的某个点放上物体时，这种构成就会给我们带来愉悦的视觉感受。三分法也可以被使用于设计平面图或者立体框架中。比如我们在花园里闲游时，视角会不断发生变化，但从一条门道或者一个窗户透过来的景色也会呈现出一道独特的风景。在第32页的图片中，美国设计师斯蒂夫·马蒂诺（Steve Martino）构架出了一道亚利桑那州景观，你可以打开门，视线越过低矮的院墙，向远处的山峰眺望。在每个出入口，你都可以最直接地看到风景。穿过一堵墙来到花园的另一部分，我们会随着这位设计师的想法，看到他为我们所构架的景象。

亚利桑那州斯蒂夫·马蒂诺
花园的山脉景观

上图

东京东急蓝塔酒店花园开凿的台阶和绿色植物

左页图

加拿大驻东京大使馆中挺拔的岩石

禅与景观园林设计艺术

日本的枡野俊明（Shunmyo Masuno）是日本禅宗大师和建功寺第十八代主持，他所创造的宁静绿洲都位于东京和横滨这些现代都市的核心地带。他帮助人们通过佛教传统和精心设计的花园去重新发现人性，并且把其视之为己任。枡野俊明根据每块岩石的天然形态，把它们安置在恰当的位置上。这些花园赋有丰富的隐喻，比如一块光滑直立的岩石代表着一条试图跃过瀑布的鲤鱼，通过此种设计方式鼓励观赏者克服他们自己的障碍。

枡野俊明利用巨大的石块为东京东急蓝塔酒店设计了一座波浪花园，这些石块经过仔细的雕琢，显示出了流畅的曲线，被置入到了苔藓植物、蕨类植物和常绿灌木之间。与大多数他设计的花园一样，这个花园的景观在酒店内就可以看到，无需走进花园内观看。其中一系列艺术组合被加入了平板玻璃窗的边缘内，我们无需移动位置就可以看到它们。枡野俊明把这个花园描述为一个精神圣地，在这里，人们紧张的神经会得到放松，同时他把这种创造行为视为自我理解的一种升华。

原则 2

尺寸与规模

原则 2　尺寸与规模

数个世纪以来，不管是在宗教画中还是在超现实主义艺术作品中，艺术家都是通过改变比例来创造一种情绪反应。画家和雕刻家在物体比例上做出了一次飞跃，他们采用日常事物，通过改变它们的尺度与形状，变换成某些独特的事物，给人带来全新的感觉。事物体积的缩减则会产生不同的效果；回想一下，我们对尼可拉斯 · 希利雅德（Nicholas Hilliard）的微型画是感到多么的惊奇。同样，在花园中，不寻常或者意想不到的规模可以抓住人们的眼球，也可能颠覆我们对于空间填充方式的预期想法。

左页图

郁郁葱葱的草木在英格兰布赖顿这座城镇花园中造就了一个绿洲。

篇章页图

精心的设计使得这个狭窄的伦敦花园显得开阔起来。

玩转大小

使尺寸大小与背景的规模相称，是园艺家营造情感的另一种手段。在英格兰格洛斯特郡海德考特庄园中，劳伦斯·约翰斯顿（Lawrence Johnston）设计了一个巨大的圆形升高水池，它几乎完全填满了一个篱笆围墙。走进这个被静态水面占据的花园区间，你会即刻意识到水的存在以及篱笆四周的景象。对于周边环境而言，这个水池的规模唤起了一种完全不同的感觉，这是花园中一个普通小水池所不能带来的感觉。

利用一个大型圆草坪填充一个小型的正方形后花园，与海德考特庄园中的水池有异曲同工之妙。它把边界往后推，使得人们产生了一种更强的空旷感。一个菱形的点也在视觉上把栅栏线推后了，通过掩饰周边并利用攀爬植物使得周边模糊不清，这个花园感觉更大了。再者，垂直高度也是非常重要的，树木和藤架把我们的视线拉高了。铺路材料简化并在选色上采用了与房屋一致的颜色，这一点也在视觉上增加了这个花园的规模。

在一个狭小的都市院落的局限空间内，少量大器件的巧妙组合会比大量小器件的组合产生更好的效果。在小区域的地面种植中，几个关键种类的重复使用会使得花园显得更大。园艺中心的花丛中几簇绿色植物也会吸引人的注意力，同时再布置上具有点缀作用的饰品，能与周围景象交融在一起。通过大面积种植并把

颜色限制到三种以内，且对种植种类进行简化，你就可以轻松地增加花园的视觉尺度。

设计者经常运用的一个技巧就是通过镜子的作用来增加花园的视觉尺度。特别在空间狭小且四周围有高墙的城镇别墅花园中，一面镜子可以造成一种错觉，让人以为那里还有一条延伸下去的路径，或者是进入另一个花园的房门。这不仅增加了深度感，同时也强化了亮度感，使得植物的数量增加了一倍，创造出了另一个花园世界。即使我们知道那只是一种错觉，它仍然能够创造出一种空间增大的感觉。一面镜子甚至可以放置在半开的门外，以此引诱人们去打开那道门，进入另一个花园。另外，水面也可以产生如镜子一样的效果，通过映射出天空和建筑物来增加一个区域的开放性。上图中的柏林城镇花园就是这样呈现的。水面就像一个水平的镜子，把周边的所有植物都映照出来，从而使人感觉植物的数量瞬间增加了。

前页图

一个圆形草坪使得这个小花园产生了一种视觉上的宽度。

左上图

水的部分增加了这个柏林花园的深度以及光度。

右上图

以假乱真的“花园房”来自于巧妙的镜子设置。

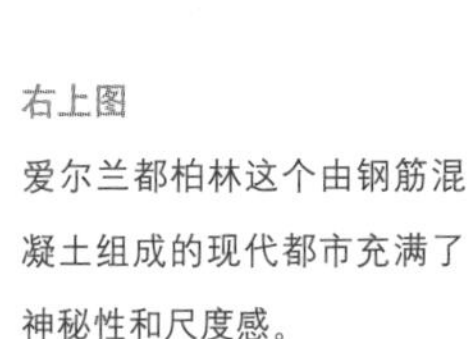

右上图

爱尔兰都柏林这个由钢筋混凝土组成的现代都市充满了神秘性和尺度感。

左上图

英格兰海德考特庄园中的浴池几乎占满了它那紫杉篱笆所圈出来的整个区域。

转变视角

在这个柏林花园中，运用大量同种形状的树叶、弱化高大树林的边界，在通往绿色植物的一条幽径上配上它那淡出视线的终点，所有这些都增加了花园的空间和神秘感。真实的舞台戏剧感可以通过在一个现代花园中种植异国情调的树木来创造，绿油油的颜色和富有特色的树叶把整个花园装扮成了一个神秘的世界。另外，把大型植物放在前面，花园的深度也就因此增加了。相同的设计也被应用到了日本的花园中，在那里，为了使花园显得更大，人们就在近景中放置了较大的岩石，而在更远处则种植了较小的树木。这就是大家所知道的"转变视角"。

玩转大小

园艺设计可以以各种预想不到的方式，利用体量大的物体来巧妙地处理花园的大小。这可以创造出一种爱丽丝梦游仙境般的幻境，或者超现实主义画作的境界。花园可以利用各种扭曲、视觉双关和神秘的形状变成一个梦幻般的空间，在那里，一般的尺度法则是不起作用的。墨西哥的超现实主义梦幻花园 Las Pozas 就完全扭曲了人们对尺度的正常感觉。这个热带山林景观拥有九个瀑布池，爱华德·詹姆斯（Edward James）这位性格古怪的富豪，在 20 世纪 60 年代早期至 1984 年这段时间内，在其中创建了 36 个坚固的混凝土结构。在这些梦幻般的建筑

左上图

墨西哥希利特拉由超现实主义诗人爱德华爵士创建的 Las Pozas 花园。

右上图

多个同种花盆在一个较小的空间内营造出不一般的感觉。

一个砖槽中的迷你高山植物

中，他的两个雕塑都超过了 6 米，高高耸入了青翠的树丛中。一个阶梯螺旋升向空中，一双手从树叶中伸出来——这个花园充满梦幻，令人迷醉，可谓是绝世无双。

植物的大小会激发我们不一样的情感反应。生长于一个砖槽中的微小植物会产生一种微妙的脆弱性。高山植物陈列品周围会人满为患，大家对成排的陶瓦锅赞不绝口，这里的植物被镊子修整地完美至极，每一片叶子都使人感到舒适，这些弱小植物的脆弱性反而散发出了一种灵性美。相反，当植物出现在我们头顶上方时，花园的大小就会发生改变，我们会感觉自己变小了，并重新点燃起童年的回忆。通过种植高大的凤尾草、紫菀属植物、刺棘蓟和巨头蓟这些我们只能仰头观赏的植物，会唤起我们对过往岁月的回忆。这不仅与植物本身的大小有关，同时也与我们同植物之间的相对大小有关。在花园中改变大小和规模成为了我们借以唤醒昔日的记忆和感觉的手段。

巴伐利亚州一个意大利风格花园中，陈列在铺石路上的一堆陶器

布置恰到好处的比例

当花园中的尺度和规模设计均衡时，每种事物都会显得恰如其分。铺路砖的大小需要与房屋的大小达成合适的比例，道路的宽度要根据它所处的环境进行设计，凉亭的大小也要与所处的地段相称。你必须对位置保持足够的敏感，才能知道在某个位置适合放置什么东西；你甚至要考虑到铺路碎石块的大小。当然，自信的设计师可以用完全相反的方式，在大块的绿地上铺设一条细长的小路，或者在一个小花园中放一条巨型石凳。尺度与规模要符合当前环境，要不就像爱丽丝梦游幻境中那样极尽扭曲和变化。

线条、图案和形状

原则 3　线条、图案和形状

花园中，从一片叶子的叶脉到花园小径的边缘，线条无处不在。在字典中，线条被描述为某个点运动时所产生的轨迹，而在花园中，线条则得到了充分的利用，带动了视觉在花园不同空间中的流转。

线条可以是笔直的、有弧度的、蜿蜒曲折的、不规则的、呈螺旋状的、垂直的、水平的或者斜的；它可以朝着任何方向延伸，长度和宽度也可以任意变化；它可以划分空间，同时也可以封闭并界定空间。线条可以是平静舒缓的，唤起人们的平和感，也可以像杰克逊·波洛克（Jackson Pollock）画作上的线条那样疯狂。

无论是波动起伏还是整齐笔直，当线条不断重复时，就会在向远方延伸的同时使绿色草坪发生变化，这是因为不断的重复使得线条变成了图案。其实图案就是形状和线条的重复。

草坪上蜿蜒的线条

前页图

赫特顿家族规整式花园

篇章页图

一望无限的薰衣草地

由于视角的问题，这条路径的线条发生了收缩。

线条与视角

无论我们站在花园的哪个地方，我们都会从二维的角度上去观赏，这样我们就能更加清晰地知晓排列在我们眼前的所有线条。

一条路的平行线条会使得我们的注意力最终汇聚在一个焦点上，这些线条经常会被花园设计师用来引导人们去注意某件雕塑、某条长凳或者某件事物另外的"结束符"。一条通往前门的道路显得笔直和完整，在两侧芳香郁金香的拥抱下，流露出了友好和善美。远景似乎把平行线都并到了一起，引导着游人不知不觉中向这条道路的远方看去。这种视角的利用可以改变前面的空间所呈现出来的大小。随着视线往远处的延伸，将路径铺设得越来越窄，这个花园就会显得比实际中大。相反，如果把道路的终点加宽，那么它看上去就会比实际中短了。

另外，在种植遮荫的树木或者设计水域时，我们也可以采用变换视角的方式。在英格兰诺森伯兰郡的布莱格登大厅（Blagdon Hall），埃德温·鲁琴斯（Edwin Lutyens）爵士在1938年重新设计花园时，设计了一条"蓝天镜像"水道。这条水道长约两百米，它的远端逐渐细化，从而使得它的视觉长度得以延伸。在17世纪的法国规整式花园中，相同的技巧同样被应用到了林荫小径和一排排的树木

英格兰萨默塞特郡的英国皇家园林，是鲁琴斯和杰基尔共同努力的成果。

中；它们在远处汇聚到一个点，那么从观赏者的角度来看，远处的园景就会变得更矮。所有这些都是灵活运用了透视法。

这些线条产生的视觉效果在经典的几何布局中是非常强烈的。在英国工艺美术运动中，像鲁琴斯和杰基尔这样的设计师实现了规整化和非正式化的综合。这些严格规划的线条仍然是组成花园的基础，但花园里出现了更多的植被，柔化并装饰了其布局。植物可以耷拉在道路的两侧，但道路的边缘仍然能够把人们的视线引导向远方的尽头。这种风格自从英王爱德华时代就无休止地被临摹，但作为规整化和非正式化的混合及约束和自由的混合，它仍然受到很多人的推崇。

在新自然主义运动中，道路的线条感常常被完全消除，因此，当你在植被中间行走时，道路只是

在铺满碎石的花园中，一条给人们提供暗示但非划定性的路径。

给人提供暗示，而非提供划定性通路，此时就需要大量的碎石作为“杂草抑制剂”和“水分固定器”。同时，碎石还被用来加高道路边缘，使得植物和路径之间出现一种无缝衔接，从而更容易给人提供暗示。在中间行走时，观赏者会因受到景色的吸引，不时地把目光投向那些几乎要交叠在一起的绿草或者多年生植物，享受着那份翠绿给予心灵的抚慰。

地面上的线条同样也存在能够引导视线上升的垂直线条。当我们的眼睛扫过大面积的种植物时，如果突然遇到垂直物体，那么我们的视线就会上升，从而生成一种视觉活力和享受。这种垂直形状的使用，为我们的花园景色增添了动感。同时，曲线也可以体现出动感，比如众所周知的威尔士国家植物园中的漫步区，在那片宽阔的区域内，就有一条用鹅卵石铺设的蛇形小河弯曲前行，动感十足。这条小河的灵感来自于附近泰恩河（River Tywi）的蜿蜒路径，因为距离对视线的影响，它那绵长且温和的弯道随着视线的远离而变得更加迂回曲折。

线条会引导着我们穿过某个空间，给予我们方向感并引导我们向前。我们可以利用它们来表示我们想让人们体验花园的方式。直线条通过对称边界的平衡，给人一种秩序感。而如果不经过仔细的设计，种植岛的曲线可能看起

左上图
托斯卡纳区柏树屏障

右上图
英格兰雷丁大学，弯扭风格的墙把果树包围起来。

左下图
威尔士国家植物园中，蛇形小河体现出了运动感。

毛茸茸的蓟花上呈现出斐波那契螺旋线。

来就有些造作。草坪和花床边起伏的线条可以围绕树干或者岩石形成各种形状，以此与基本景观相呼应。

同时，凹凸起伏的线条在英国一面弯弯扭扭的墙上也可以被看到。这种古怪的设计源于18世纪以前，它使得墙内花园得到了最大化的日晒和遮蔽。它那波浪起伏的形状给予了它更大的力量，起到了遮挡大风、保护树木的作用。美国弗吉尼亚大学里就有一系列由托马斯·杰斐逊（Thomas Jefferson）设计的波动起伏的墙。尽管它们迂回曲折，但它们比传统的墙所使用的砖块还要少，这是因为在采用蛇形设计的时候，墙面只需一块砖的厚度。

图案

图案在大自然中是无处不在的，它们充满活力，令人兴奋。因遵循于某个数学序列，美丽的斐波那契螺旋线会出现于蕨类植物的弯曲部分、图案复杂的向日葵头和菠萝的果槽中。近看许多花朵和叶子，你会发现对称的宁静感存在于自然图案中。你在植物的天然形状中看到的并为之暗自惊奇的成分，可以被添加进我们的创作中，帮助我们实现花园空间的划分及设计。

菜园

法国维朗德里一个菜园里的原始几何图

图案可以存在于农艺或菜园中，在那里，植物成列生长，以便于耕作。这种功能性生长会产生某些令人惊奇的图案，比如麦列会随着耕地轮廓的变化而呈现自然的弯度。均匀成排的田间薰衣草使得机器收割变得容易，但在薰衣草花繁盛时期，尽收眼底的就全是紫色。它们那圆润的形状形成了非常简单的直线图案，一直延伸到地平线。这种单一种类的大面积种植通过图案创造出一种氛围，这种氛围或激励人心，或冷漠沉静，或引人注目，或富有动感，抑或宁静安详。

在菜园中，图案同样是来自于规律性的阵列。叶子或者干茎的颜色和形状、植物的高度以及它们之间形成的空间，创造出了各种引人注目的图案，如果把它们汇集到一个菜园中，这些图案则会变得更具吸引力。观赏性蔬菜花园源自于法国文艺复兴时期的花园，在那个时期，粮食种植逐渐变成了极其高雅的艺术。为了使得这种功能性空间变得更具

郁金香和勿忘我充满了这个花坛

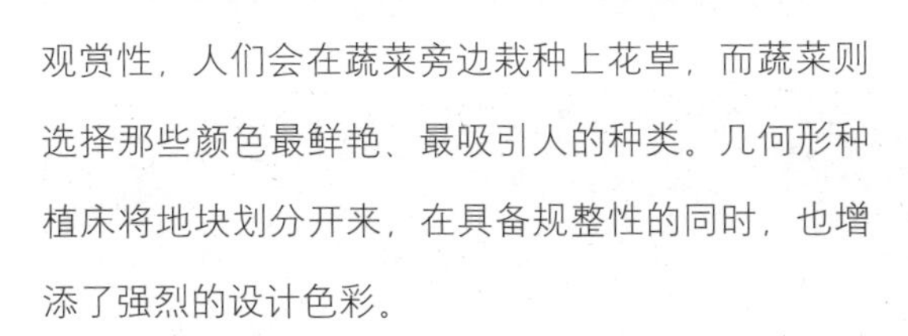

观赏性，人们会在蔬菜旁边栽种上花草，而蔬菜则选择那些颜色最鲜艳、最吸引人的种类。几何形种植床将地块划分开来，在具备规整性的同时，也增添了强烈的设计色彩。

几何形种植床的铺设起源于欧洲中世纪时期的结纹园（knot garden）。这些花园便于从房屋的上层窗户往下俯瞰，它们通常是由一些正方形的区域组成，里面有用香草设计而成的缠满藤蔓的低矮树篱：薰衣草、海索草、石蚕、百里香、薰衣草棉或者迷迭香，所有这些香草都具有很强的香味，可以在蒸馏室中被制成化妆品和药物。像花边上的复杂图案一样，结纹园受到的是英国刺绣图案的启发。之所以拥有这样一个名称，是因为它们的树篱经常是互相重叠的。

利用彩色碎石或沙子充满空间，会进一步强化结纹园的图案，此时的结纹园被称为开放式结纹园。在使用香草和花卉时，它们则被称为封闭式结纹园。

英格兰马姆斯伯里的里兹修道院博物馆园林中，修剪整齐的小檗属植物挤满了花圃。

左上图

加利福尼亚的菲罗丽花园

上图

英格兰萨里郡的汉姆山庄中被修剪过的一簇簇的银色薰衣草棉。

右图

英格兰格莱夫泰庄园中威廉·罗宾逊（William Robinson）的花园

开放式结纹园的一个现代范例是 1976 年在美国加利福尼亚州被创建的菲罗丽花园（Filoli），花园中互相冲突的颜色和树叶纹理，以及某些树篱相互依存的方式，使得这个结纹园拥有了一种雕塑般的质地。

花圃就是从结纹园中演变而来的，源自于“on the ground”的法文字面意思。通常从宏观角度上来看，它是由夹框而不是香草组成的，这些极其精致流畅的设计，使得欧洲博物馆中的这块田地变得优美至极。像建筑师雷金纳德·布洛姆菲尔德（Reginald Blomfield，英格兰古典园林创始人）这样的维多利亚花园设计师，把花圃铺设在玫瑰种植床旁边，装饰点缀在梯田的平地上。布洛姆菲尔德也曾把对图案的兴趣付诸实践——他还是钢格电塔的设计者！

对花圃而言，耐久性绿色植物并不是唯一的选择。英格兰萨里郡的汉姆山庄（Ham House）就是一个采用薰衣草棉的绝佳范例。在设计模型中，它那银灰色的叶子被修剪成了完美的圆形，它那规则的层次也在圆锥形状的衬托下变得更加明显。这个庄园在 1975 年被国民托管组织恢复到了约翰·史密森（John Smithson）17 世纪的原始设计风格，那些薰衣草棉就像灰色的土丘，紧紧地挨在一起，在阴影的映衬下，那整齐的鱼鳞状枝叶也显得更加突出。

维多利亚毯状花坛是结纹园和花圃结合的延伸，它与威廉·罗宾逊狂野的园林风格发生了冲突，却受到了布洛姆菲尔德的推崇。把一年生花坛植物与耐久性植物种植在温室中，然后再移植到户外，这要耗费不少费用。因其拥有高彩度和错综复杂的图案，所以在公园中受到广泛的应用，这种状态一直持续到 20 世纪。许多城镇都会用花坛植物来摆出复杂的图案，像这样成排地摆在一起总能吸引人们的目光。符号、文字、盾徽、花边设计和形形色色的图案都可以通过数以千计的高彩度小植物来表现，这些小植物会经过严格修剪来维持绝对的均匀。它们经常会被用来拼出城镇的名称或者是火车站的名称，以此来反映公民的自豪感。

如今，因为成本太高，公园很少会这样做了，但在英格兰北部的国民托管组织的庄园中，毯状花坛图案仍然是利用数以千计的彩叶植物组成的。这个维多利亚围墙花园分为多个层次，这些毯状花坛与整个背景达到了完全的契合。这种旋

国民托管组织的格拉塞德庄园

涡式图案每年都会发生变化，有灰色的肉质植物、金色除虫菊、银色的蝶须属植物，也有粉红色的景天属植物。这个具有维多利亚时代特征的园景，被设置在了阿姆斯特朗勋爵公园的一个长斜坡上，公园中的宅邸位于岩层露头上，是世界上首个使用电子照明的房屋。

英格兰白金汉郡沃德斯登花园中的现代地毯花坛取得很大的成功。之前有些复杂的图案用手绘制需要花费非常多的时间，现在镇议会使用了高科技系统，这些图案利用计算机就可以生成。在生成坐标方格之前，设计可以通过扫描输入，生成的模板会提供出植物的数量和颜色。奥斯卡·德·拉·伦塔（Oscar de la Renta）是一位时尚设计师，她在游泳池中变幻莫测的光线启发下，发明了流动设计法。这种方法使设计得到了释放，为创造力提供了足够

的空间。目前大约有二十万种花坛植物可以用于这些非凡的图案秀。

英格兰白金汉郡中一个规模宏大的地毯花坛

修剪的灌木特别适合于图案的构成，当代园艺家以重新阐释花圃主题为乐。在英国科茨沃尔德的博尔顿楼花园（Bourton House Garden）中，紫杉和黄杨扭转在一起，在灰色碎石的反衬下，被精心地修剪成漩涡状圆润的绳索。它们盘旋而上，形成一个螺旋锥，就像是烤饼上面涂着的鲜奶油，有趣且充满活力。这对经典图案来说，简直是一次崭新的转折。

英格兰科茨沃尔德博尔顿楼花园的当代雕塑园中，黄杨盘旋成圈。

原则 4

光线

原则 4　光线

黄昏时分，光线刚刚开始变弱，此时行走在花园中，你会得到一种完全不同的体验。当阴影变长，植物被落日打上背光时，那又是一次完全不同的体验。在沉闷的天气里，花园会显得灰蒙蒙的，令人提不起精神；在冬天明朗的天气里，枝条上的霜在太阳的照耀下，使整个花园都变得闪亮。光线每天会发生变化，每个季节也会发生变化；光线的变化，会引发人们完全不同的感受。园艺家可以对光线进行充分的利用，如果确定好光线的投射点，就可以在很大程度上改变花园的氛围。

篇章页图

意大利波托菲诺海湾塞瓦拉，光线涌入这个海滨公园中。

左页图

晨光透过一条林荫道轻柔地透射过来。

朝北还是朝南？

在察看一块新空间时，园艺设计师首先观察的就是它的方位。花园的朝向不仅会影响植物的布局，同时也会因采光的不同，影响到植物摆设的位置。除此之外，它还会决定所选用的植物颜色。在阳光饱和的晴朗地域——例如地中海——就会使用到强烈的颜色，因为柔和的颜色在直射情况下会显得乏味。在北欧，光线则较柔和且变幻莫测，因此中间色就可以尽情地发挥作用。在灿烂的阳光下，它们较柔和的色彩并不会变淡。

在刚接手一个新地块时，我们经常会建议设计师在一天当中不同的时间去体验一下：去发现光区和荫凉区，适合栖坐的地方。在那些特定的区域，设计师可以利用对光的特性的敏感度，确定出物体的位置以及种植计划。在观察了阴影在不同表面上的散落方式后，设计师就可以确定出需要使用哪一种材料。例如，在铺设一条碎石小径时，这里有许多种碎石，有些是受到河水冲刷而形成的鹅卵石，有些是来自采石场的有棱有角的碎石，当光线投落在它们身上时，每块石头都会拥有不同的特质。较大的石头会生成多重阴影；黏合型的碎石含有较多的黏土成份，它们就会比较光滑，阴影打在它们的表面上时，也会显得比较平和。

上图

强光之下的艳丽色彩——西班牙安达卢西亚墙上的天竺葵

左页图

柔和的色彩适合北欧的光线

西班牙格拉纳达阿尔罕布拉宫里，一个庭院花园中柔和宁静的景象。

利用光线和阴影

较大的花园可以分成一系列的“花园房”，根据它们的大小和周边植物的高度，有效利用其中的光线作用。高大的树篱会引发一种围合感，使光线变得细窄的同时又能创造出阴影区域。更开放的围墙则可以让阳光倾泻进来，从一个区间走向另一个区间时，人们会产生不同的感受。徘徊于西班牙格拉纳达阿尔罕布拉宫的庭院和花园中时，人们会获得极高的精神享受。每个庭院都有强光区和阴影区，它们之间通常由走廊相连，这些走廊有的是开放式的，有的是柱状的。对于伊斯兰园林而言，水是非常重要的，它可以在经过精雕的石块上映射出水面的层层涟漪。

阿尔罕布拉宫代表着“人间天堂”，它利用围墙把空间分成不同的区间，利用水道、水池和喷泉

太阳斜射时，照亮了这些红色的甜菜叶，红宝石色也就显现出来。

把水域设置成不同的主题。“天堂”这个词语来源于古波斯语，意思是封闭花园。这个伊斯兰园林是一个远离干旱的归隐地，它是一个由水渠划分成不同区间的宁静空间，一个由芳香、色彩、光和阴影组成的地方。

利用花园中的光线来创造氛围，这种感观方面的设计往往会被忽视，这可能是因为需要花费时间去观察日常的变化。当你注意到某种植物在特定的位置能充分利用阳光时，你就会重复种植这种植物，使得这种效果最大化。在傍晚余晖的照射下，紫色和红色的叶子会呈现出一种宝石般的光泽。美国红栌、血色酢浆草的红宝石色中脉、呈波纹状的紫色大黄叶子和岩白菜的深紫红色叶子，在光的照射下会变得光辉璀璨。

这种变化正是专业的园艺摄影师在日出和日落

阴影为这个角树行增加了一个维度

在这个花园中，夜光在草地上大放异彩。

时分精心捕捉到的。在中午时分，光线过于强烈，会使得颜色变得乏味单调。但在日出和日落时分，太阳会把植物枝干和叶子上的每一个细小绒毛都照映出来。在秋天和冬天，当阳光照在种子穗上时，草地看起来会特别明媚。通过这些观察，设计师就可以确定出它们的具体位置，使得人们从长椅或者透过房间窗户就可以看到这种耀眼的效果。还要考虑到阴影的散落点也会影响树木的位置或者修剪的位置。透过整齐的树干投射出的阴影，在草坪上创造出纹理。在一天当中，一个修剪成形的植物可以充当一个日晷，让我们感受到时光的流逝。

在夜晚，被灯光照亮的城市花园变成了一个魔法空间。

利用人造光

月亮也会投射阴影，但通常而言，因为受到光污染的影响，我们已经不太可能看到这种微妙的效果了。利用人造光可以创造一种与众不同的魔法，把花园变成一个戏剧化的空间，向我们显示出白天看不到的景象。向上照射的灯使白桦树干上的每个纹理都显现出来，水面呈现出一种超凡脱俗的感觉，蜡烛在玻璃容器中闪烁发光。整个花园变成了一个表演空间，像一个等待某些剧情会发生的剧院布景。被照亮的花园给人的感受与白天完全不同。城市的屋顶花园可以充分利用灯光来营造户外就餐的场地。与日光不同，园艺家可以准确地选择需要照明的位置，照亮观赏植物，把光投射到树丛中，同时也可以利用照明使得水面显得更具动感。设计师拥有完全主控权，与自然采光和天气无关。

原则 5

色彩

原则 5　色彩

色彩使花园显得富有生机。调色板上的色彩可以使得花园令人振奋，充满活力，宁静祥和，也可以使它和谐低调。这些色彩不仅可以从花卉中找到，在叶子、干茎、果实、种子和树皮中也可以找到。它们可以被应用到各种家具和建筑材料中。它们会随着光照、季节、时间的变化发生变化，最重要的是，色彩可以营造出氛围，激发情感。

艺术家都对色环图很熟悉，它把各种颜色放在一个圆上，以此来显示它们彼此之间的关系。红、黄、蓝这三种基色是纯色，并不是与其他颜色混合生成的。橙、绿、紫这些二次色则放在纯色的中间。同时，这里还有六种三次色，比如红橙色、黄橙色等等，它们之间存在更加微妙的变化。这些颜色都是由原色和二次色混合而成的。对称六色轮是德国艺术家以及作家歌德这位通才为他的著作《色彩理论》设计的，并且对特纳以及后来的康定斯基等一些画家产生了影响。

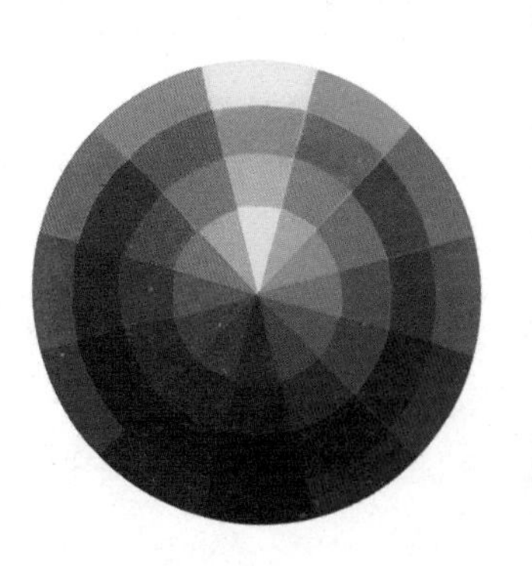

色环图

左页图

杏黄色的规划方案中精彩的种植物

篇章页图

金色原野——穿过一片珍珠菊的一条小径

作者的花园中，加州罂粟和矢车菊所呈现出来的橙色和蓝色。

"路西弗"香鸢尾（Crocosmia 'Lucifer'）成功地将红色与绿色相结合。

和谐与对比

色环的知识对园艺家来说是非常有价值的，它可以作为一个组合植物种属的指南。在这个色环中，你可以凭借直观感受去选择可以组合在一起的颜色，使其协调和谐。柔和的淡紫色、粉红色和白色会令人心灵宽慰，因此把猫薄荷的蓝色、黄葵的粉红色、大波斯菊的白色和薰衣草的紫色搭配在一起很少会出错。这是一种安全的搭配，这些颜色会让人感到舒服，给心灵以平静与宽慰。

然而，熟悉这个色环就意味着你可能尝试使用对立色。对立色又称互补色，是指色环任何直径两端相对之色。当被放在一起时，它们就会得到平衡，同时变得有生气。根据我们所说的同时对比，橙与蓝、红与绿、紫与黄的亮度似乎增强了；在某种背景下，一种颜色似乎会发生变化。三色旱金莲是一种具有

英格兰巴恩斯利庄园（Barnsley House）中著名的金链花通道

火红色彩的旱金莲属植物，在紫杉树篱那绿幽幽的颜色的映衬下，它那犹如红辣椒般的色彩是那么热烈。"路西弗"香鸢尾就是这样一种引人注意的植物，它不仅拥有鲜艳的红橙色花朵，同时还拥有繁茂的绿叶。

罗斯玛丽·韦瑞（Rosemary Verey）在格洛斯特郡巴恩斯利庄园的著名金链花通道中利用了黄色和紫色的补色。在这里，高大的葱属植物几乎可以触碰到金链花垂坠的花朵，它们之间可谓是争奇斗艳。作为美国非常受欢迎的讲师，这位园艺泰斗对于颜色拥有其独特的见解，身为一个园艺设计师，她也是炙手可热。其他补色也同样生动活泼，将蓝色和橙色放在一起时，那才叫真正的漂亮，比如矢车菊和加洲罂粟的搭配。在春天，我们则可以利用橙色郁金香和蓝色勿忘草的组合来实现这两种颜色的搭配。

在英格兰诺森伯兰郡，赫特顿家族公园中一个小花园的设计灵感来自于20世纪善于运用色彩的画家克利和蒙德里安的作品。蒙德里安利用黑色线条把空间划分成为不同尺度的正方形和长方形，他的作品已经对支持这种充满惊喜的强烈设计理念产生了影响。这种设计取消了只能从一侧观赏的花境，而引入大致成直角的路径，并且穿过以颜色为主题的种植，创造出一种感观体验。

在这个花园中，颜色有一种微妙的含义，它们代表着一整天的时间流逝。这种象征主义从17世纪房屋墙壁上逐渐蔓延，各种颜色在花园中铺展开来。最靠近房屋的是柔和的黄色、粉色、奶油色和曙光白色。色块密集地集中在一起，种植床上的橙色和蓝色显得勃勃生机，让人联想到晴空中太阳当顶的景象。最后是强烈的日落的颜色：红色、黑色和深紫色，每侧都有较冷的蓝色和银色。这就好像是一幅铺展在地面上的画卷，从二维转变成三维，但它会随着季节的变化而发生演变。

不再是从侧面欣赏花境，而是身临其境，这种观点通常支持着草原种植和新自然主义运动的风格。它采用多个视角，趋向于利用大区块和单一颜色的渲染，经常看上去就像是在利用大量紫色、粉红色、红色或者黄色、橙色、杏黄色绘画之前，画家就已经在画卷上刷满了厚重的水彩。随着秋天脚步的临近，花朵让位于更加重要的种子穗，宿根花卉和草类所呈现出来的沉稳的棕色、赭色、铜色和米色也同样是一种美。

右图

在英格兰彭斯索普千禧花园，皮耶特·奥多夫设计的种植物呈现出的大片色彩。

下图

英格兰赫特顿家族公园中，从蒙德里安绘画中汲取灵感的花园。

英格兰肯特郡西辛赫斯特城堡花园中极浅的色彩

利用单一的颜色

享有盛誉的园艺家格特鲁德·杰基尔喜欢设计单一颜色的花园，这些花园中都有一个颜色占据主导地位，但她宣称，为了一句话而破坏一个项目是不值得的，即使有人极力强调要在蓝色花园中巧妙地安插进互补色，我们也无需过于严格地执行。在一个从杰基尔那里获得灵感的浪漫主义花园中，有限的色调可以表现得一样好。限制颜色的方案可以适用于较小的城市空间，或者在一个较大区域内创造一种整体感。一种特殊色彩所具有的特性会影响我们的情绪：热烈的颜色——橙色、红色和黄色——都会让人感觉到欣欣向荣，富有动感，并令人心情愉悦；冷色——紫罗兰色、浅蓝色、绿色——则是宁静温和的。它们能安抚人的内心，并且使得花园看上去要比实际大。我们用眼看的时候，暖色是进，冷色是退。

现在要提到的就是白色。肯特郡西辛赫斯特城堡花园就是利用极浅的颜色：银色、白色、绿色和灰色为多个白色花园开创了新风尚。在晚上，白色开始真正展现作用，在暮色或者月光的映衬下，白色会闪耀出迷人的光芒。夜来香的黄色也会产生同样的效果，它那夜间开放的花朵在暮色中也会散发出光芒。曾经有一个英国家庭，正是因为他们花园的道路两侧种植了夜来香，他们才得以在夜间找到匿藏在花园底部的防空洞。

单一颜色的对立面就是村舍花园的缤纷繁杂。

美国亚利桑那州凤凰城社区史蒂夫·马蒂诺花园中，冲击视觉的设计和色彩搭配。

在这里，任何事情都有可能发生，这也正是它的魅力所在。它会让人时刻感受到惊奇，那里不仅有自然播种的植物，而且几乎所有颜色都集合在了一起。这可能会让人稍微感觉到有些突兀，但我们的眼睛会快速转移注意力，寻找令人愉悦的组合。这种随意的组合让人感受到了自由和奔放，就像是被泼到帆布上的颜料，形成了意想不到的颜色组合。

强烈的色彩特别适合于热带气候。在这个景观中，建筑师史蒂夫·马蒂诺（Steve Martino）起到了巨大的作用。他经常会在房屋周围利用荒漠生态学，把沙漠植物所特有的颜色涂在墙壁上。在这种强光之下，阴影与墙上的黄色、红色、橙色和深蓝色形成对比，让人感受到时光的流动。他对于颜色敏锐的眼光，使他的花园显得大胆且富有吸引力，并且与整个景观完全协调。

上图

日本带有方格图案的苔藓园

右页图

英格兰博尔顿楼花园中被修剪成绳状的绿色灌木

“绿色也是一种色彩”

格特鲁德·杰基尔曾经有句名言：“绿色也是一种色彩。”绿色提供了一种背景，在这个背景之下，我们可以看到很多其他的颜色，这也就是它需要单独一个区域的原因。从浓郁的叶绿色到针叶树的接近黑色的墨绿，绿色调变得跨度非常大。通常我们用来描述色彩的许多词语都是衍生于植物，如苹果、橄榄、蕨、柠檬、开心果、芦笋、薄荷和菠萝。

绿色是一种抚慰人心的色彩，它被认为可以减缓心率，降低血压。据说，它还可以促进平衡，减轻压力，放松肌肉，减缓呼吸率。与其他颜色相比，它更能够把我们与自然世界联系到一起，它对我们的情绪具有良好的抚慰作用，因此成为了医院中最优先选择的墙壁颜色。绿色还能够让人进入冥想状态，这也使得它成为了日本寺庙园林中重要的元素。苔藓园的宁静之美，在京都的西芳寺（西芳寺是一座临济宗禅宗佛教寺庙，里面有一百二十多种苔藓。

费尔南多·卡伦科（Fernando Caruncho）设计的一个西班牙别墅花园中，被修剪成云状的灌木

在寺庙中心，这些苔藓围绕着金色池塘形成了宁静的绿色风景）达到了巅峰。作为一个漫步园林，它的设计初衷就是冥想，池塘的形状代表着日本字"勇气"或者"志气"。

把树木修剪成云状的日本风格被称为"云片修剪"，这些树被称为"庭园树"。这种高度程式化的做法就是利用修剪的树木和灌木，使植物产生出美感。树干及树枝支撑起圆形的雕塑形状，在雪后，这种形状会显得尤为醒目。如今，它被全世界园艺家争相使用，在大量植物品种中进行试验。许多植物在冬季会进入休眠状态，而像灌木修剪法一样，修剪成云状的树木则为冬季的花园带来了一丝真实的存在感，同时也让我们感受到了岁月与永恒。

灌木修剪法是源于罗马园林的一种欧洲修剪风

在英格兰坎布里亚郡的利文斯庄园中，稀奇古怪的形状数年来一直发生着变化。

格。小普林尼是这样描述托斯卡纳别墅花园中所有的人工形状的：方尖塔、动物、数字、船只和夹框中的题词。英格兰奇切斯特附近鱼溪罗马宫殿的发掘，揭露出了规整式树篱的格局，它利用框格重现了一种精美的图案，并且让人感受到了原始罗马花园的气息。

绿色雕塑园会让人感觉到非常可靠和安心，这在一定程度上是因为大面积绿色的存在。绿色不会使眼睛疲劳，它那令人镇静的特性使得它成为了五颜六色的花朵的极佳背景。在英格兰坎布里亚的利文斯庄园中，可追溯到 1694 年的夸大且疯狂的修剪形状为规整的、带有明艳色彩的园林设置了一道古怪的背景。修剪形状随着时间的变迁不断发生着改变，演变成了很受欢迎的抽象化形状，屹立在这个历史性的建筑花园里。这些绿色植物的雕塑品，古怪且富有趣味。

绿色花朵同样也具有趣味性。它们会让人感到意外，具有一种吸引人的古怪。拿绿色的玫瑰车前草——大车前草为例，它就具有一种奇怪的形状，深得那些经常寻觅稀有植物的仿中世纪风格园艺家的喜爱。像圆形的绿色玫瑰花状的部位实际上是大量的苞片，在修剪过后凸显出的却像是花瓣。因为那并不是真正的花朵，

左上图

新西兰的这间小屋，石莲花形成了一个绿色的屋顶。

右上图

巴黎凯布朗利博物馆，帕特里克·布兰克设计了这面绿色的墙。

因此它们在花园中可以维持更长的时间。我们可以利用大戟、贝壳花、百日草、藜芦、黄雏菊、剑兰、绿菊、羽衣草和花烟草，在这些稀奇的绿色花朵周围做出边界。春天到来时，绿色的报春花以及白色的和绿色的郁金香旁边，瓣苞芹绽放出精美的花朵。

绿色不再只是局限于花园，它可以包围房屋、屋顶以及院墙。高楼大厦破坏了我们的生存环境，绿色则弥补了这一损失，绿色植物的覆盖可以舒缓我们的视觉疲劳。尽管这种观点要回溯到巴比伦空中花园，但实际上，这还要归功于现代科技。法国植物学家帕特里克·布兰克（Patrick Blanc）在水系统的利用上有所创新，他利用水系统为墙面上的植物提供水和养分，这样不仅改变了城市大楼的样貌，

英格兰鲍顿公园中，金姆·威尔基所设计的地形。

还保持了空气的凉爽。对于过路人来说，一墙绿色会让心情平静下来，并舒缓紧张的神经。与之类似，草皮屋顶或者其他的绿茵也拥有疗愈的特性。

不同形式的绿茵是许多花园的很大一个组成部分，但最近人们开始对地形产生了兴趣。这些被绿茵所覆盖的地面雕刻品就是中世纪园林中小山丘的现代阐释，或者是 18 世纪景观的变形体。它们会引入全新的艺术观赏之道，经常看上去比较有趣，令人视野开阔，其中会有凸起的草皮图案，也可能在地面上创建新物质形态。在英格兰鲍顿公园（Boughton Park）中，金姆·威尔基（Kim Wilkie）对 18 世纪的山丘作出了回应，实现了当代设计与传统设计的互相融合。山丘的正面变成了深入地下七米的倒金字塔，绿色的地形变成了一个容纳水的容器，水面像镜子一样把天空倒映出来。

绿色的抚慰效果使得这个丛林秘境变成一个令人喜爱的小空间。在高大的遮蔽墙之内，我们可以创造一个属于自己的绿洲，以多种形态存在的绿色把喧闹的世界阻隔在了外面。棕榈树、香蕉树、蕨、新西兰麻和竹子都可以被用来创造一个热带天堂，在这里，叶子远比花朵重要。

在花园设计中，不管是选择单一的颜色还是选择多种颜色，你的花园都会因为色彩的存在而变得生动且富有活力。

原则 6

形态与纹理

原则 6　形态与纹理

在生长季节，花开花谢，色彩也跟随着瞬息即逝，变化不定。形状和纹理会随着叶子的舒展而变化莫测，多年生植物的枝条会向着太阳伸展，园艺师就要对其进行修剪。常青树即使在冬天也会保持它们的形态，叶子的纹理则为更多转瞬即逝的事物提供了背景。有些削减式花园更多的是依赖于形态和纹理，而不是花朵。

左页图

在这些桉树的种子穗和叶子上存在着许多纹理。

篇章页图

英格兰东苏塞克斯的佩克·希尔（Perch Hill），大阿美、虎尾草和金色燕麦

这个花园墙上，草的柔软与木头的粗糙展示了不一样的纹理。

黄杨球和桦树干

不同植物形态的结合

园艺师经常谈论植物形态，在这种情况下，植物形态是指它们的体积和形状，它们的结构和不同的特性。一棵树或者灌木可能是易于低垂的、笔直的、柱状的、扭曲的、平顶的、连贯的、拱形的或者蔓延开来的，植物形状的多样性给我们提供了创造的机会，我们可以在花园中尽情地发挥。当我们按照高低起伏的方式把它们种植在一起时，就会引发出它们彼此的特性。

正如左边图所示，利用两种植物形态可以制造出一种令人赞叹的并置。不同尺度的修剪球与桦木树的直立树干形成对比，给人的视觉带来缓冲，同时它们彼此之间错落有致，形成了互相重叠的景象。圆润的轮廓和垂直的树干通过这种混杂的纹理得到进一步的强化：薄薄的白桦树皮上分布着大小不一的裂纹，修剪球上也散布着两种不同尺寸的叶子。

这里有两种不同形态的草本植物，它们的花穗就像长锥、雨伞或者穹顶，它们的茎干和叶子结构极其繁杂。这里有强健的鸢尾属植物的叶子、巨大的根乃拉草叶片、飞燕草和毛地黄花串、大翅蓟。每种种植床上的植物分类都是一幅小型

多刺的海冬青与紫色鼠尾草的尖穗形成对比。

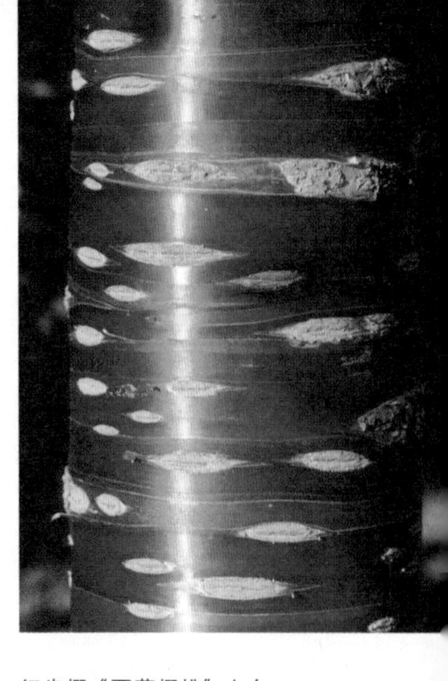

细齿樱“西藏樱桃”上白花花的树皮

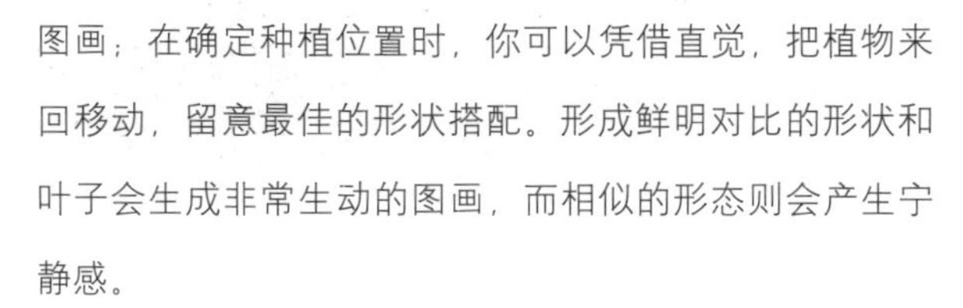

图画；在确定种植位置时，你可以凭借直觉，把植物来回移动，留意最佳的形状搭配。形成鲜明对比的形状和叶子会生成非常生动的图画，而相似的形态则会产生宁静感。

纹理

纹理是植物的表面特征，它是影响光的交互作用及树叶上的阴影的因素。它是可见的，同时也是可触摸的；它会吸引着我们的手指，掠过绵毛水苏那毛茸茸的表面。像这样给人以感官享受的花园，经常出现在学校或公共场所，这些地方会充分利用这些能够给人带来触觉感受的植物。

白桦树上剥裂的树皮

纹理不仅仅存在于叶片上，同时也存在于树干、种子穗、根或茎上，它们都会为我们展示大量的纹理。西藏樱桃红褐色的光滑树皮、毛百里香的舒展叶片、月桂树富有光泽的叶片或者桦树那剥离的树皮，都增强了我们对于自然界的喜爱。

纹理甚至会存在于花朵中，比如红色或蓝色鼠尾草那毛茸茸的花朵。海滨刺芹花朵上坚硬的顶端排列着放射性刺毛，与柔软的多年生植物形成了鲜明的对比。遗留在冬季花园中的种子穗，在我们需要视觉刺激的时候展现出了它们的纹理，树皮的表面此时也引起了人们的注意。

在这个植草边带上，所有的纹理都争相映入人的眼帘。

表面的相互作用

要想巧妙地设计你的花园，你就需要打开思路，保持敏锐的感觉和观察力，观察表面与表面之间的相互关系，并不断尝试不同形状搭配。把一片叶子放在另一片叶子上，这也是一种实验方式，你可以因此制造出不同纹理之间的有趣搭配。充满激情的动态感可以通过直觉和真实的视觉来创造。纹理与叶子有密切的联系，它们可能是光滑的、粗糙的、齿状的，也可能是柔和的、多毛的、褶皱的或者多刺的。每种叶子都会反射光并以不同的方式创造出阴影，每种叶子都会为花园的感官作出贡献。

不同形态和纹理的栽培植物创造出一幅繁杂纷沓的图画。在莨菪醒目的叶子或者刺棘蓟银色枝叶的衬托下，草地和草原植物的感官性就得到了突出。

右上图

柔软的茴香和深黑色鸢尾花

左图

银色刺棘蓟叶为飞燕草尖穗制造了一种完美的背影。

左上图

华丽的金凤花与褶皱的玉簪叶子互相交织。

左页图

欧洲榛子树极度扭曲的淡褐色枝干

精美的窗饰植物，比如广受欢迎的波纳马鞭草、拥有蕨类叶子的文竹或者一年生植物大阿米芹，对于引人注目的大叶片多年生植物来说都是完美的搭配。我们可以将光滑与粗糙、粗犷与精致、尖锐与圆润搭配在一起形成对比，增强花园的感觉和气氛。

这些有趣的组合创造出了一幅幅迷你图画，多样性刺激着我们的眼睛。粗犷的玉簪叶子为精致的长茎毛莨创造了一个波纹背景，新鲜的绿色茴香花纹与醒目的鸢尾花叶子形成对比，光滑的草地纹理与紫锥菊的锥形紫花进行了互补。这些纹理上的对比为花园带来了动感，随着视线的转移，风景也发生着变化。近距离欣赏时，我们可以看到某个表面与另一个表面互相搭配的效果。当我们退后时，我们的视线就会发生变化，我们会看到叶子的规模效应。

形态突出的小树是弯曲的淡褐色欧洲榛子树。它那极度扭曲的枝干在树叶都脱落时会展露出最好的风采，特别是在冬天，积雪覆盖在奇形怪状的扭曲树干上，景象异常优美。它的花絮和嫩叶看上去也非常迷人，但一旦叶子成熟，它们就会长有粗糙的纹理，卷皱的树叶会把枝干包覆起来。这就是一个有着好形态又拥有糟糕纹理的例子。因此，这种奇妙又难以捉摸的树最好栽种在夏天能够开出花的高大多年生植物后面。

另外，材质的纹理也存在着多种选择，但是应用过多就会使花园变得琐碎和凌乱。就植物来说，光线投落的方式以及它制造阴影和深度的方式，都会影响它们所处的位置。再加上多变的植物表面，某种材质会与另一种材质产生冲突。这可能听起来有些复杂，但带来的审美感才是关键。保持一个开放的心态，享受尝试不同的形态和纹理这个过程。

原则 7

节律

原则 7　节律

不断重复的线条和形状就会生成节律。就像是一幅画中的每个笔触一样，这种视觉元素的重复给了我们所见的事物以动感和活力。它引导着我们把注意力投向了近景，然后是背景，各种颜色和形状不时地进入我们的眼帘，转移着我们的注意力。它创造了视觉流，使得整个花园成了一个整体，但最重要的是，它带来了动感。

左页图

南非一种芦荟叶子尖端的规律性变化

篇章页图

大小不同的卵石形成了一种有规律的图形，就像是孔雀的尾羽。

在这个威尔士花园中，松柏植物引导着人们的视线往上移动。

在这里，节律感体现在细节之处：在某些植物中，花园所生成的整个图画中，以及各种元素所组合的方式中，节律感都明显表现得强烈。比如，菜园中成垄的韭菜所形成的波动起伏的线条，以及龙舌兰张开的叶子所形成的醒目的形状。这些容易形成节律性形状的植物，可供我们在园艺设计中选择使用。龙舌兰和芦荟的红色尖端所形成的规律性序列，就是植物内重复形状的典型范例，它们几乎创造出了一种韵律。

右上图

日本漫步花园

左上图

冬天，这行树形成了有节律的图案。

重复

节律可以分为流动的或者间断的，受控的或者自由的，不连贯的或者流畅的。我们通过植物不断重复的形状、树木的枝干来实现这种重复。巧妙地设置重复的形状，会把我们的眼睛引向一个焦点或者引导着我们环顾整个花园，随着我们前行，风景会时刻发生变化。林荫大道中的树干、蛇形小径、一条边界的弯曲轮廓或者菜园中农产品的整齐线条，都是重复产生节律的例子。就像音乐一样，间隔是很重要的一个因素；这种间隔可能是直立的树干之间的间隔，可能是修剪而成的圆顶之间的空隙，也可能是容器中花卉之间的距离。

边界中重复的颜色和形状会带来整体感和观赏力。一个传统形式的绿草带其间隔位置处经常需要插入特殊的植

物，以此显示出明确的结构。艳红色的天竺葵有节奏的重复可以将整个景色凝聚到一起；重复的石灰绿色羽衣草与门庭前的蓝紫色猫薄荷互应成了和谐的景象。可以在几株特殊植物的周围铺设边界，或者某种具有凝聚作用的图案。

依赖于简洁性和一致性的现代种植，经常会使用有节奏的重复。詹姆斯·亚历山大·辛克莱（James Alexander–Sinclair）在苏格兰布特岛旅游中心的旁边设计了一座现代公园，这个设计灵感是来自于一枚展开的回形针。重复的草地和多年生植物所形成的平行线，与覆盖这座创新型大楼的风化硬木所形成的水平线正好呼应。这样的搭配稍微有些矛盾，但那些自由的草原种植中的草类和植物，经常适用于易操作的重复性设计中。

上图
重复的颜色为这个边界增加了观赏力。

下图
在比利时的克鲁斯特曼（Cloostermans），杰奎斯·维尔茨（Jaques Wirtz）设计了这些有节律的平行树篱。

左页图
苏格兰布特岛，詹姆斯·亚历山大·辛克莱在当代设计中重复使用植草。

蛇形的草列

创造动感

这些草原植物特别能显示出疾风略过花园的情景；草面波动，茎部弯成弧形，顶端则随风摇动。像珍珠菜、马鞭草、轮峰菊、绣线菊和一枝黄等多年生植物都会随风摇摆，从而制造出了动感。受到空气流的影响，那重叠的层次时刻处于运动中，花园也因此变成了一个动态雕塑。与无风的天气相比，有微风时，到花园中游逛就会体验到一种完全不同的感觉。这些捕风植物把天气纳入了我们留意的范围，透过窗户，我们可以根据草地的动向来估计外面的情况。这些植物使得正常情况下无形的东西变得有形。

左上图

流经石块的水冲刷出了不同的声音

右上图

蕨类植物中的瀑布

利用水和石头

水会产生一种新式的可视听节律。正如有些植物可以被用来捕捉风一样，岩石、石崖或者卵石可以阻断水流，描绘出一幅动态图。利用自然材料或者人工材料，水可以被用来创造不同的节律：井然有序的流动制造出宁静的气氛，或者形成不规则的、出乎意料又鼓舞人心的图案。水声为花园带来了另一个维度，即能看得见又能听得到。从高处落到池子的深色调水，当它穿过鹅卵石时所发出的柔和杂音或者它偶尔冲撞到岩石上所发出的断续音节，使得花园充满了与众不同的气氛。

利用石头可以模拟出水的流动感。扁圆的石板或者扁长的卵石可以创造出最佳的节律，当紧挨在一起时，它们

这个低矮的柳篱笆的阴影又增加了另一个维度。

就会比丰满的卵石更具流动性。这些重复但不规则的形状会让我们感到目不暇接，眼光不自觉地被吸引到水中的更大岩块上。石块和其他材质的阴影创造出了更强的节律。河水冲刷的卵石形成了非常醒目的表面，它们那圆润的形状又生成了波动起伏的阴影。规整的树木在道路和草坪上留下了自己的影子，在太阳光的照射下，栅栏则会投影出与本身一样大小的影子。在设计花园时，阴影经常不被考虑在内，但它们确实能够让我们体验到更多新奇的事情。

树篱

流动感也可以在树篱中被效仿。树篱经常被用作某个几何形状的外围边界，它们也可以从这些限制中解放出来，创造出精彩的自由流动形态。现在，它们可以呈波浪形，在整个花园空间中按蛇形前进，创造出流动形态或者与远处的风景相呼应。在法国

法国普占姆花园中，呈波浪形状的树篱在柔软的种植物中显露出来。

鲁昂附近的普占姆花园（Le Jardin Plume）中，帕特里克和西尔维·基贝尔（Sylvie Quibel）把树篱修理成了波浪形状，让我们联想到了海豚的鳍或者龙舌兰的刺。树篱在洋溢的多年生植物和草类中间蜿蜒前行，塑造出了曲线，并为自由种植的植物带来了一种牢靠感。这是草原种植与之前法国花园规整式结构的完美结合，是几何图形与混乱状态的一种搭配。

不同材质的重复线条在花园中也会创造出节律。水平编织的柳树篱带或者边上栽有薰衣草的竖直尖桩篱栅，它们都会把我们的视线引向不同的平面。然而，太多的重复也会因过于一致而变得毫无生趣。大量的重复会让人产生视觉疲劳，因此我们需要做出适当的调节。就像是画家在帆布上创造的韵律一样，利用自然节律和设计出的节律间的结合，从而创造出花园中的流动感。

原则 8

植物

原则 8　植物

当然，任何一个花园都不可能没有植物，尽管我在之前的原则中提及了许多名词，但这个章节并不是专门介绍植物的。你可以通过丰富的资料来了解植物和树木。接下来我会指引你以一种更简单的方法来选择植物。

左页图

村舍边界中的连续层次

篇章页图

五彩缤纷的郊区花园

创造层次

如果你曾了解过艺术家是如何利用不透明的层次创作出一幅油画的，或者如何利用半透明的水彩画出水彩画的，那么花园的巧妙设计方式也与其相类似。花园中可能有立体装饰物、灌木、修剪的植物或者种植区域，也可能有半透明的一层薄薄的草，稀疏的茎秆和优雅的花朵，能够让我们透过缝隙，瞥见远处的断续风景。创造层次的其他方法就是从地面到树木，进行阶梯式的种植。

上图

柳叶马鞭草的面纱效应

右页图

优雅的麦氏草穗间极好的“透影”效果

传统的边界一般都是分不同的层次，低矮的植物位于前端，越往后，植物就越高大。这种边界通常依赖于大面积的多年生植物，虽然看起来漂亮但种植起来却很浪费气力，而且在夏天，你完全看不到一丁点裸露的土地。种植岛追随着同样的形式，中心种植着高大的植物，然后越往外高度越低，因此你在四周都可以看到它们。这个地带变成了各种颜色和形态的综合体，层次分明，从中心到外缘，植物以一个弧度散开来。

这种传统设计的一个现代转折点就是把某些高大的植物种植到了前端，特别是利用一些多年生植物和草类产生了一种半透明的效果。透过这些植物的面纱，我们可以看到这个花境，颜色像水彩一样被冲淡了；直视的时候，远处的颜色会很强烈，但经过草的略加遮挡，颜色则要柔和许多。对于这种种植方式来说，有些植物特别受欢迎，其中典型的就是柳叶马鞭草，它那瘦长且结实的茎秆顶端有一簇紫色的花朵，吸引着蝴蝶翩翩起舞，而且其视野通透性很强，伴着它的花朵在空中摇曳，你可以看到它后面的植物。

最近，地榆也因为同样的原因受到了追捧。它那细长的茎秆支撑起顶端的各色花簇，有白色的，有糖粉色的，也有酒红色的。其他植物包括了天使钓竿花、茴香和唐松草花边状的绿叶、尖尖的俄罗斯鼠尾草，当然还有草皮。其中最佳的植物就是麦氏草，它那美丽的种穗在风中舞动时，能创造出一种轻薄透明的屏幕。那更像是透过一扇花边窗帘，当你走过时，前后背景的组合会即刻发生变化。在冬天，当多年生植物的茎秆和薄薄的种穗上结霜冻时，同样的景象也可以看到。

加利福尼亚的这些高位花台，使得花园具备了许多不同的层次。

就像是画中的层次一样，这些层次增加了深度，它们一点一点地绘制出花园图画，直到令人感到满意和兴奋为止。这就给我们增添了一种复杂的情感，因为无法准确感知到边界在哪，从而产生一种神秘感和延伸感。这种种植方式可以让花园看起来要比实际大。另一种层叠方式也会创造出一种纵深感，那就是利用高度的不同做出层次，这从另外一个角度增添了趣味感。一系列高设花台可以从一个平台上抬高这种设计，通过植物的直立形状使得它们的水平面得到平衡。同时，这个设计还可以添加一些能缠在杆子上或者方尖塔上的植物，例如攀缘植物、帚状针叶树或者可以抬高视线的植物。

英格兰皇家园林中的梯台创造出了一种多层次效果。

利用不同的水平面

如果你透过窗户看着连续上升的梯田，每个种满花的水平面都是垂直上升的，从而与单一水平面相比，它们能创造出更加有趣的效果。另外，梯田的另一种阶梯式层叠会把我们的视线引向房屋，这项技术被伟大的工艺景观设计师托马斯·麦森（Thomas Mawson）广泛使用。在设计英国湖区附近的几栋豪宅时，他通过改变土地的结构，动用了大量的泥土搭建了地基，从而抬高了房屋，以此搭配整个环境景色。这个时期的花园也经常有凹陷的草坪区域或者被立起的石墙包围的池塘，弧形的台阶通往下面，一些小雏菊或者蕨类植物生长于空隙中。坐在这种下陷的花园中，有植物和围墙环绕，你可以花一个下午的时间在这里遐想。

树篱被栽种到不同的水平面或者被修剪成不同的高度时，也可以实现相同的功能。先种植上低矮的树篱，然后一层一层地上升，中间层可以使用紫杉或者山毛榉，顶层则使用编结的角树，用裸灰

色的树干作为支撑。这样就形成了一系列平行的区块，同时它们还拥有不同的绿色色调和不同质地的叶子。另外，葱绿色的角树或者拥有粉红色花瓣和华美果实的野苹果树，它们编结在一起可以有效地遮挡某个不必要的景色，同时，透过这些编结树木，我们同样可以欣赏到遮蔽在后面的风景。

从地平面一直连续上升到大树，多层次的花园不仅能鼓舞人心，同时对野生动植物也有很大的益处。在连廊上方飞行时，鸟儿会感到安全；在灌木丛的保护下，它们可以在那里筑巢和栖息，还有果实可以吃，也可以尽情地享用多年生植物的种子穗。低矮的叶子为青蛙、蟾蜍和蝾螈提供了栖息地，石墙成了蜥蜴和小哺乳动物的避难所，花蜜为昆虫提供食物，池塘则为它们提供饮水和戏水的场所。不同的高度也就意味着不同的栖息地——可供饮食、哺育和庇护的场所。

上图

这些编结的树木可以遮住某个不受欢迎的景色，同时也可以让你透过树干瞥见一丝景色。

左页图

冬天，酸橙树编结而形成的林荫大道。

这个森林花园中每个层次的
植物都是多产的。

森林园艺

森林园艺是一种利用植物生产食物的有机且持久的方法。它以森林生态系统为依据，效仿森林栖息地设计出了各种不同的层次，对野生生命产生了极大的吸引力。这种园艺是罗伯特·哈特（Robert Hart）在威尔士边界的首创，灵感来自于古时候的耕作技术，其中包括了阿芝特克人的技术。在一个老果园中，哈特利用现成的树作为七个叠层的起点建成了森林花园，这七个连续的叠层被他分别称为：遮篷、矮树、灌木、草本植物、地被植物、根层区和垂直线。他在这里栽种果实，有老树上的果实、醋栗果和浆果，榛树这样的坚果树，以及蔬菜、药草和低矮的可食植物。根层区包括了那些以根或者块茎为果实的植物，其他高度则生长着攀缘植物或葡萄藤。

他认为，这个系统比传统式分开种植植被要好得多；在林地中仿制这些层次，我们就可以减少劳作，同时也避免了一些虫害和疾病。他认为，这可以成为小空间里（比如城市）的园艺系统的美好蓝图，人们会从中受益颇丰。他自己的地块大约相当于一个大型的城镇花园，他希望会因此鼓舞人们创建大量小型城市森林，以最少的劳作创造最大的产量。这是一个三维未挖掘的系统，模拟了自然森林中的许多层次。

秋天，抬高的混合栽培床里色彩缤纷。

季节与变化

随着季节的变换，植物的兴衰是创建一个精美花园的最大挑战。我们必须面对时间的流逝，而不是暂时的展示。我们经常会听到园艺师们抱怨："你应该上个周来看的。"然而，正是这种脆弱性和暂时性使得园艺变得如此美妙，它让我们意识到，任何事物都不可能亘古不变，因此必须在当下展现出自己所属的价值。从这个角度来看，花园可以被看成是生命的隐喻。

园艺把我们与岁月的节奏连接在了一起，让我们感知到最细微的变化。对于整个循环来说，这里并不存在真正的"季节"起点。对于专业的园艺师来说，深秋里的工作是在为春天作重要的准备。整理边界、划分植物并把它们移种到新的位置，种植球根和重新设计都是冬天来临之前必要的规划过程。此时，园艺师需要充分发挥想象力来预测几个月之后花园里的景象。随着时间的推移，它们就会成为年度事件的一种提醒，对往日的一种暗示——期待、享受然后流逝。这个旋律就像是一首音乐，在一年特定时间里音量会逐渐增强，而最终也会有播放结束的时候。

上图

在日本，樱花节是春天里的一项庆典。

右图

雪莲花开预示着春天的到来。

春

在日本，数世纪以来，人们都会在樱花盛开的时节来到繁花朵朵的樱花树下郊游，以此来庆祝这一时刻。这些赏樱活动被称为“花见会”，大量人群会挤到早期保存下来的最佳赏樱点。春天从南方群岛移到北方需要用三到四个月的时间，国际气象报道会向我们报道它的进程。樱花花期的短暂象征着生活短暂的本质，那一簇簇樱花就像是天上的云彩一般，稍纵即逝。有些时候在夜间灯火通明时，炙手可热的花见会经常会与寺庙、城堡、水或山结合起来。

樱花节会出现在世界各地，在日本，人们会把赠予樱花树作为对其他国家的友好表示。温哥华、华盛顿、旧金山、哥本哈根、柏林和许多其他城市都通过观赏樱花和日本艺术，歌颂这种精美花朵的短暂生命。当然，这里还有其他的花也因为它们的季节性美丽而得到歌颂。雪花莲生长于厚厚的花堆中，它象征着再生，同时也象征着新的一年的到来，大量的游客会被吸引到此欣赏。在苏格兰，五十多个花园每个都会庆祝雪花莲节。正如花见会一样，根据天气的不同，花开时节也会发生变化，因此人们都热切等待着最佳的观赏时间去看这些纯净的雪花莲，有些时候他们会在夜里灯火通明时或者在苏格兰城堡的独特背景下前去欣赏。

其他被庆祝的花卉节日则是与菊花、玫瑰、紫丁香、苹果花和荷兰那令人眼花缭乱的花田有关。旅客们从世界各地集合到一起，共同欣赏着集中绽放的宏伟景象，他们畅享于颜色的海洋中，感觉就像欣赏一幅抽象画。这里有数以万计的花，有黄色的，红色的，黄色的，紫色的，金色的，另外还有风信子的香味飘散在上空。

荷兰库肯霍夫公园中艳丽的颜色

右上图

公园中的花坛种植方案，是最大范围地使用花色。

左上图

春天的大迪克斯特豪宅

右页右上图

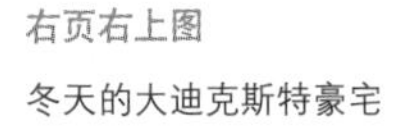

冬天的大迪克斯特豪宅

右页左上图

英格兰东苏塞克斯郡大迪克斯特豪宅，克里斯托弗·劳埃德设计的带有异国情调的花园。

四季的设计方案

对奇妙的种植来说，春天并不是唯一的季节。传统公园的设计通常会选取色泽艳丽的颜色。在连续性种植中，年份的变更是非常明确的，同年会发生两次，有时候三次。大片的球茎、报春花、桂竹香和雏菊预示着春天的到来，耐寒性一年生植物预示着早夏的到来，美人蕉、香蕉和其他脆弱的亚热带植物的热烈色彩则预示着晚夏的到来。这是需要高昂的保养成本的，不过这能以一种独特的方式标志着远去的季节。春天公园中桂竹香的香味创造出了持久性的记忆。

花坛种植组合的设计会先以坐标形式画在图纸上或者利用计算机程序描绘出来，但面对变化，混合边界的设计要更加复杂。在某些大型花园中，边界可以只针对于单个的季节，比如苏格兰边境上的弗洛斯城堡。在这里，你可以在早夏、盛夏和秋天分别看到三个成本昂贵的边界。它们只针对于某一

个特定的时间段，因此在某个特殊的时刻，它们就会展现出绚丽的色彩。

对于多年生植物、攀缘植物、一年生植物、草类、灌木和球茎植物的混合边界来说，要想创造出多变且令人赏心悦目的景象，你就必须具备足够的经验，并且还要打开思路，勇于尝试。这一点在英格兰东苏塞克斯郡大迪克斯特豪宅（Great Dixter）得到了很好的体现。已故的克里斯托弗·劳埃德（Christopher Lloyd）是一位调色专家，他能创作出不断演变的地毯花坛，并且时刻充满了新想法。正如大迪克斯特豪宅网站上所说："他毕生都在实践并提练他的艺术。"园艺达到这种水平才能算得上是艺术。他的主管园丁及朋友费格斯·加勒特（Fergus Garrett）继续从事着这项工作，不断寻找混合边界中的新植物组合。他不会畏手畏脚，害怕把相冲突的颜色放在一起。

大迪克斯特豪宅中著名的长边界就是一幅经过仔细编织的图画，那里有结构型植物和攀缘植物，树下栽培的球茎植物与多年生植物，零星的自播植物和色彩绚烂的一年生植物。在那里，你看不到裸露出来的地面。根据颜色、形状、纹理、重复和平衡，植物以多种方式混搭在一起，显得目不暇接。各种陶罐以不同的方式搁置着，有不同的高度、对比强烈的植物和形状，每种组合都会创造出一幅全新的图画。东方花园（Exotic Garden）是对英格兰的一种启示；不耐寒植物那繁茂的叶子招来无数的蝴蝶，红、黄、紫、橙这些颜色使得晚夏的庭院显得华丽而感性。大迪克斯特豪宅实属一个真正经历时节变化的大花园：春天里，果园里种植着一年生的花坛植物，散发着郁金香的香气；夏季，里面的植物变得绚丽多姿；到了秋季，果园又成了一座美丽的带有异国情调的花园。

原则 9

材质

原则9　材质

花园的地基就是造景的一部分，支撑起植物层次的整个布局。此处的地基具有很好的可塑性，而且地质坚硬，可以在其上种植任何你想要的植物。这种设计可以单纯从某个模式出发，这一点在园林展中尤其明显。在典型的展览园圃中，你经常会看到正方形、圆形、长方形和一些基本的几何图形。那里都是石头、木头和金属形成的简洁线条。创造出一种氛围，然后利用植物去装饰，这两点同样重要。

左页图

这个切尔西花展园圃中使用了各种各样的材质。

篇章页图

石板和卵石形成了色彩缤纷的螺旋。

这个再生园中，石板都是侧砌的。

材质的简单经常会促成一个更有效的设计。在任何特定空间内，把饰面类型限制在三种以内就会使得设计拥有整体性，避免过于凌乱复杂。如果使用有限的材质，一个大型花园就会产生和谐感。正如其他规则一样，我们也可以改变一种方式，在深思熟虑以后，把大量对比鲜明的材质放在连贯的整体中，也可以促成一个有效的设计。这里可能会剩余些可回收材质，它们可能规格不一，但只要经过创意拼装，也会显得非常协调。

东京圣罗轮塔东急酒店，这里有一种很强的地域感。

创造一种地域感

地域感也是非常重要的，因为每种材质都拥有一种适合于特定位置的真实性。本土建筑伴随着某种特定环境而产生了很大的魅力。如果石头、石板、砖块或者木头来自于周边的土地，那么这里就会存在一种整体性和持续性。一条砖砌的小路会与砖墙相呼应，石墙能与石头建造的房屋产生共鸣，碎石的颜色则与房屋外层的颜色遥相呼应。利用本土风格可以使一个花园立刻成为整个风景和传统的一部分。

上图

老旧的砖块为这条花园小路增添了温馨感。

下图

砖块和石块创造出了螺旋形的镶嵌表面。

砖块和石块

保持对每种材质特性的敏感度，在花园设计过程中尤为重要。如果使用砖块，由于本地黏土和砖块制作所在地的差异，砖块就会在尺寸、颜色和质地上有所不同。机器制作的砖块存在一致性，适合于某些花园设计。另外，手工制作的砖块会因为火候不同而显示不同的颜色，或形成不一致的边缘，并以其独特性和精妙性同周围植物产生共鸣。

石块也是如此，它也拥有多种颜色和质地。如果房屋是用当地采来的石块建造的，那么它就适合用同样类型的碎石来铺设道路。当房屋是用石灰岩建造的，那种铺设来自其他地区的花岗岩碎石就是在浪费资源，与建筑物之间无法达成共鸣，同时也缺少了当地特色。当田野边界是平淡的石墙时，相同类型的花园墙就拥有一种相关的真实性。尽管石灰砂浆对植物来说是更好的选择，但对于所在地而言，它就显得有些不合适。英国大湖区就是因为使用了附近瀑布中开采出来的石板而使得这个区域带有一种个性。花园中的石板与砖块、木头要实现很好的结合，景观建筑师埃德温·鲁琴斯爵士经常会以向上的节奏模式安放石板，使用这种方式，石板表现出了宏伟的效果。对任何艺术工作而言，通常观察就是工作的起点，因此你要环顾四周，察看一下，什么感觉才适合于周围的土地。

上图

木篱上缠绕着的荆棘

右页图

美国新泽西州米尔本，一个禅宗风格的苔藓花园中经过岁月洗刷过的木质小路

木头

木头也可以来自于本土，为设计带来整体感。不同木质的审美反应和鉴别，对花园设计会产生很大的帮助。柳树边饰和嵌板可以用当地的树木编织。本地树木可能被用于藤架、园林建筑和构造。木头的选择有很多，可以是刨平的、光滑的、有波纹的、粗糙的或是旧的，也可以在木头上涂上亚麻仔油从而发出银色；木头的形状可以是不均匀的或带有节点，纹理或轮廓也可以显得分明。另外，木头的功能性极多，它可以是未经加工的、涂漆的、刷石灰的、着色的或者通过多层剥落的油漆来表现历史感和纹理。

上图

在这个伦敦花园中，方形金属把天空映射了出来。

左页图

蓝色玻璃和绿色弹珠被用作竹子下面与众不同的覆盖物。

制造材料和再循环材料

人工石经常被用于花园雕塑、长凳、装饰物和栏杆的制造。与混凝土相比，它的性能可使其更快地生长一层地衣和苔藓，从而产生一种历史感。它来自于那些再造的碎石，与水泥砂浆混合形成了一种优良的仿真石头。这并不是一项新技术，而是源于12世纪法国卡尔卡松中世纪防御工事的修复。

市区可能更适合用人造材料，比如毛玻璃、镀锌材料、金属材料、彩色有机玻璃或者玻璃丝。生锈的金属为植物形态提供了一种非常适合的背景；生锈的金属杆和支撑结构能够与花境相融合。金属筐可以装满回收来的砖瓦，固定成为挡土墙。许多园艺设计师不仅在努力减少花费，同时也寻找新的材料，他们开始利用全新的思路为花园道路和饰景设计出可回收的外表。不管是新的还是旧的，最重要就是它们都具有优良的特性。

左上图

一个小旅馆中材料混合的风格

右上图

英格兰康沃尔郡伊甸园工程中，用橡胶铺成的彩虹路

利用回收轮胎制成的橡胶覆盖物呈现出不同的色彩；橡胶路在英格兰西南部康沃尔郡的伊甸园工程中呈现出了一种彩虹效果。采石场或者破屋顶中废弃的碎石板可以被用来铺路或者覆盖花境。碎贝壳是渔业中的废弃物，用它们作为覆盖物具有一种独特的好处，那就是鼻涕虫和蜗牛很难穿过它们那锯齿状的表面。小旅馆是人工材料和自然材料的混合体，它们利用大量的物品为昆虫提供栖息地：空心的当归或者竹制用品、格栅、开洞的砖块、石板、堆放的陶瓷罐、留有空隙的稻草和木头。

重复利用的物品可以有很多丰富的搭配。再

拥有塑料瓶温室的再生园

生材料使得花园看上去比较沉稳而且富有一种历史感。复垦庭院是一个强大的思想源泉，那里包含了有趣的人工制品。有些时候，想要弄清楚如何放置再生物品，需要发挥丰富的想象力。棚屋、花圃边缘、温室和所有花园特征都来自于回收资源的私人花园或社区花园中，再生物品的合并需要花费多年的时间。用旧电话亭玻璃做成的温室、用旧木头制成的棚屋、装饰尖顶、屋檐以及不匹配的窗户，都为原有的功能增添了个性魅力。这里有大量的房间可以用来发挥创造力，布置后的园景显得奇特而又富有个性。

原则 10

思想与影响

原则 10　思想与影响

巧妙的园艺设计分为多种方式，其中起决定性的原则在于注重刺激你的想象力去思考如何让你的花园反映出你的个性。你可能更喜欢一种更加规整的风格，你也可能喜欢一种怪诞的方式。或者，你也产生过在交通岛上修建一座花园的想法。

然而，无论花园表现得多么自然，它终究还是一种人造的环境。潮流趋势来来去去，在历史的长河中，正式与非正式之间、有序和自然主义之间也是兴衰起伏。

左页图

这个小花园中的迷你梯田和连续的植物层

篇章页图

美国康乃迪克州一条现代溪流周边安排有序的设计

在早期，野性自然让人产生威胁感，园艺师们则希望对其施加限制。在文艺复兴时期，这种严格的限制有所减轻，接近自然的果园的种植和设计也会更加安全。欧洲和美国17世纪与18世纪的"荒野"花园密集地种植着树木和灌木，这些都是设计过的荒野，有着仔细规划的乡村气息，那里蜿蜒前行的道路经常会在拐弯处给人带来惊喜。

这些花园位于房屋周边规整区域之外，充满着原始自然的激情。它们具有神秘性，一直诱惑着人们的感官，同时还具有通向小空地或者林荫大道的包围感。伟大的景观建筑师兰斯洛特·布朗（Lancelot Brown）甚至生活在一个名为荒野的房屋（Wilderness House）里，这个屋子位于汉普敦皇宫的围墙里面，他于18世纪晚期在那里担任过园林主管。

19世纪见证了人们在维多利亚时代对精致的花坛有着支配自然的渴望。然而，这受到了威廉·罗宾逊（William Robinson）的抵制，他带来了更加自然的园艺，以及之后的新自然主义运动。这就像是处于两个极端的正式与非正式——"把个人意愿完全强加给自然"与"效仿原始景观"之间的对立——所有花园都是这个范围内的一个点。通常而言，这种冲突的解决方法为：房屋附近是规整式区域，然后远处是更加荒野的区域。或者在鲁琴斯与杰基尔合作的情况下，他们会利用自由流动的植物来缓和相对规整的结构。

英格兰德文郡基思·威利的原野花园中的自然主义风格

新自然主义

仿效自然植物群落的实验产生于生态系统，并且对自然景观感兴趣。园艺者根据植物的所在地观察它们的生长方式，并尝试仿效它们的生存环境。最具试验性的一次仿效就是基思·威利（Keith Wiley）2004年在英格兰德文郡打理出了一块四英亩的地块，他利用挖掘机在地面塑造出了深深的沟壑、土丘、山脊和蜿蜒的小路，创造出了一系列在深度和高度、方向和水平面上都有所不同的迷你景观。某些位置的高度差能达到25至30英尺。由此形成的微气候可以允许他种植许多种植物群落：高山植物、岩石植物、沙漠植物、草甸、沼泽和草地。他称其为“新自然主义”。

多年生植物和球茎植物互相交织地生长着，如同在大自然中一样，完全脱离了色环盘。基思是从加利福尼亚、南非、地中海的克里特岛和美加边境的矮小林地中汲取的特殊灵感。植物并不是必须来自于这些地域，而是更多地要体现出每个地区的精髓。如果感觉对，他就会种植，如果那里有一本规则手册，肯定早就被他扔到窗外了。

上图

穿过橡木篱栅的野生欧芹

下图

在瑞典的乌尔夫别墅中，岩石、树木、野生和种植的植物相结合。

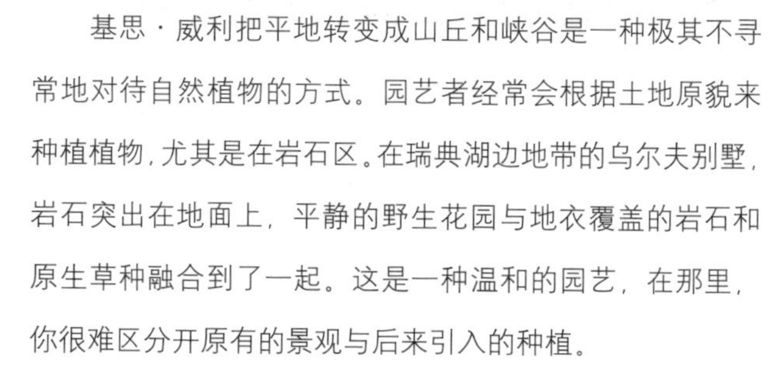

基思·威利把平地转变成山丘和峡谷是一种极其不寻常地对待自然植物的方式。园艺者经常会根据土地原貌来种植植物，尤其是在岩石区。在瑞典湖边地带的乌尔夫别墅，岩石突出在地面上，平静的野生花园与地衣覆盖的岩石和原生草种融合到了一起。这是一种温和的园艺，在那里，你很难区分开原有的景观与后来引入的种植。

从野外寻找灵感的园艺师必须观察那些拥有美丽景色的自然事物——比如英国农村像山楂花一样在五月开花的野生欧芹，南非沙漠中突然盛开的花朵或者奥地利油亮的高山草甸。这些自然出现的"花园"是由许多颜色组成的，就像是一个混杂的村舍花园，然而，它们是那么的浑然一体，不存在任何的冲突。它与传统的经过精细颜色规划并有颜色限制的绿草带是完全不同的。

在允许这些植物自由生长时，就进入到了一种受控状态的繁杂之中，在那里，混乱的自播植物、喜欢蔓延的漂浮植物都会让人感受到快乐。种子穗在整个冬天都在那里，给昆虫和野生动植物提供了保护，为晶体的霜提供了装饰结构，而且它们可以自由地播撒种子。这些未经规划的植物组合经常会给人带来意想不到的欢乐。

征服大自然

另一个极端就是控制。不管是在法国维朗里德城堡这样伟大的历史性规整式花园中，还是在现代设计中，我们都可以看到人们把自己的意愿强加给大自然的行为。极简主义的种植依赖于几个关键的元素，并靠重复来创造强烈且简洁的外观。草类和仙人掌因其动感的形态而更适合于这种设计。它们的形状可以遵循着规律的模式，这是对大自然进行控制的例证，但这也是一种悖论，因为设计者经常从当地环境中选择土生的植物。

美国西南部一些区域里，景观是一种主导力量。在这里，建筑师和景观设计者坚持单一的形态，他们利用当地植物建立了野生与栽培之间的一种对话。景观建筑师史蒂夫·马蒂诺（Steve Martino）在墙壁和户外空间上使用了鲜艳的色块，这与仙人掌、肉质植物和它们阴影的大胆形状形成了反衬。不管干燥的景观还是花园空间，每个视角都被仔细设计，形成了一系列的图画。他的设计实现了沙漠环境，强调了沙漠植物群的宏伟形状，但整个设计又受到了小心的控制，仙人掌有规律地排列着，通过不同的空隙并强调外围沙漠的水域，架构出了不同的视角。

上图
法国维朗里德城堡，鲜艳的卷心菜阵排列得井然有序。

下图
史蒂夫·马蒂诺干燥的沙漠花园中引人注目的仙人掌。

左上图

美国索诺马，有规律的人工草地

右上图

纳帕谷葡萄园

规整式的现代花园设计通常依赖于强烈的轴向线的对称性，这些轴向线形成的几何图形会创造出平衡感。对于种植来说，只有少数几个种类会产生束缚的效果；植物形状的选取非常重要，而不在于植物的种类。流动性种植的某种草类、巧妙种植的树木、水景设计和现代雕刻的简单线条，都创造出了强烈的视觉感。这就是两种截然不同的现代园艺设计形式：所有的品种和变化特征处于杂乱无序或被管理的状态。

美国马里兰，修剪成孔雀形状的树篱坐落在一个螺旋花坛中。

在一面墙壁上，火棘被修整成墙式树木。

造型

这里还有其他方法施加控制，但可以是以一种稍微古怪的形式。因为私人花园会随着时间不断发生演变，因此灌木和树篱会逐渐变得残缺不堪。当它们发展成为像面团似的古怪的雕塑形状时，形成的不平衡或者隆起的形状就需要被修剪。常绿灌木可以被修剪成形，用来表现一只鸟或者动物的轮廓，或者是被修剪成孔雀的形状，而这只孔雀有可能随着岁月的流逝发生扭曲，变成凭借想象才能虚构出来的鸟。鸟类在修剪法中特别受欢迎，因为当它们被塑造出来并坐落在其他修剪的形状上时，会显得非常生动。

花坛和紫杉长期以来都是用来修剪的绝佳对象，但这里还有其他可塑的植物。某个架构周围种植的常春藤可以生成一种快速生长的人造园林，或者被依着墙严格修剪成奇特的形状。它可以被塑造成墙面的装饰，纵横交错形成网格或者被塑造成为心形。火棘那致命的刺可以通过紧身修剪得到控制，它可以依着墙被塑造成流线型，围绕在窗户或者门的周围，或者形成一系列平行的线条。像这样的设计可以被策划并经过缜密的思考，但它们的出现经常是因为房主想要使得他们的攀墙灌木受到控制，从而发挥他们的想象力创造某些完全个性化的东西。

上图

这是克里斯·帕金斯短暂的露水艺术品之一

右页图

史蒂夫·梅萨姆为他的草坪艺术品“草坪纸”做的设计。

创造出短暂的效果

花园永远不会保持不变，有些花园要比其他花园发生更彻底的变化。正是这种暂时性，使花园不仅不会显得沉闷，反而会转变成为一种艺术形式。有些园艺师会把这种暂时性发挥到极致，在花园的背景下创造出转瞬即逝的效果。

也许其中最短暂的作品——英国人克里斯·帕金斯（Chris Parsons）的作品只有非常少的人看到过。他首先在黎明时分利用了一种露刷技术，这种技术来自于温布尔顿草地保龄球场、高尔夫球场和网球球场，用于预防真菌病害。他用一个宽刷子，在清朗的早晨在秋露中扫出各种图案，利用闪闪发光的带有露珠的草和较暗的刷区制作出对比条纹和漩涡。他的作品数个小时内就会消失，因此他把它们用照片的形式记录下来，这种把短暂的时刻记录在案的方法与理查德·隆（Richard Long）、安迪·高

兹沃斯（Andy Goldsworthy）等艺术家的作品中短暂的大地艺术相似。大地艺术记录了运动、变化、脆弱、衰变和光，让我们重新认识了自然世界。这种容易消失的艺术形态同样也可以被应用到花园中。

艺术家史蒂夫·梅萨姆（Steve Messam）专门从事特定场域的装置艺术。在2010年夏天，他为英国湖区一所工艺品房子布莱克威尔（Blackwell）周边的草坪创造了一种“环境蚀刻画”。“草坪纸”是以威廉·莫里斯（William Morris）的墙纸设计为基础，上面的漩涡图案都是仿效的一些自然形态——树叶和花朵。这种梯田草坪上的短暂介入是通过选择性着色和修剪创造出来的，自然生长为草粉饰上了不同色调的颜色。它首重强调莫里斯在工艺品运动中的中心角色，并且忠实于它的思想体系。这种短暂的艺术品可以让观看者以一种新鲜的方式观看花园和房屋。

梅萨姆的某些作品就是通过一个小手推式剪草机来实现的。通过调整剪草机的高度，尽情地发挥想象力，不受上下条纹的约束，草坪可以被赋予各种短暂的图案。一系列动感的线条可以顺沿着一条边界的边缘，把人们的视线引向远方，强调了地面的流动感。魔幻迷宫只有一条没有岔路的道路（与多条道路的迷宫相反），它很长时间以来都被用来帮助人们冥想。从中心点开始利用一种简单的绳子打结方法，我们可以通过调节割草机刀刃的高度在草坪上切割出一个魔幻迷宫。每年，一个不

上图

巴西罗伯特·布雷·马克思(Roberto Burle Marx)在草坪中的棋盘设计

下图

割草机切割出来的图案使得这个威尔士草坪顿时生动起来。

同的设计可以把简单的草坪转变成为一个引人沉思的魔幻迷宫，人们会在沉思之中不自觉地走向它的中心点。

草坪是特别容易用来创造图案的。高度上的小变化就会产生不同的色调、阴影和纹理。草坪因切割而形成的道路会对人产生难以置信的吸引力，这些道路会把人们引向生长着长草和野花的地方。切割机路径边线分明，让人感觉里面花了很多心思，我们的眼睛不由自由地会投向这幅图画。在草坪上，我们可以在享受割草的同时创造出各种图案——广场的棋盘、含有三角形的网格、圆形或者自由盘旋的图形。到了冬天，这个设计就被放置在那里，等待着下一个季节的重生。

纽约市莉斯·克里斯蒂社区花园

游击园艺

花园可以被轻易扫除，这是让人感到辛酸的一点。开发、花园清除、所有权的转变或者天气因素，都会很轻易地破坏数年以来达到的完美程度。这给予它们的是一种“蝴蝶之美”，总是让人惋惜它们存在之短暂。拿到一块不为人爱的城市空间，在很短的时间内把它变得富有色彩，这正是游击园艺师的工作。这个术语在1973年在纽约被首次使用，那个时候，莉斯·克里斯蒂（Liz Christy）和一组园艺活跃分子把自己叫做绿色游击队。寻找到被人遗弃的地块，他们会猛撒“种子炸弹”，其中包括土壤、种子和化肥。

一个更加永久性的花园就刻有她的名字。自1974年就一直租用的莉斯·克里斯蒂社区花园是一个生机勃勃的空间，它的前身曾经是曼哈顿岛包厘街和休士顿街东北角被垃圾和瓦砾覆盖的地块。当时，那里富含的野生动植物都是丑陋的，被人遗弃的；而现在，这里有树、草本植物、蔬菜、花、葡萄树和休息的地方，成为了一个真正的庇护所。社区花园使得所有年龄段和种族的人集中到了一起，对身体和心理健康都有益，也是对环境的尊重和爱护。但是，我们的城市中仍然有许多被忽略且丑陋的地方，那就是游击园艺者对抗的对象，当然，这经常是不合法的。

用植物装饰的老立体声扬声器

在伦敦，康沃尔公爵夫人帮助游击园艺者理查德·雷诺兹收割薰衣草。

世界各地都有园艺游击队，他们的创立和交流因为社会媒介的存在而变得更加容易。理查德·雷诺兹（Richard Reynolds）是一位驻扎在伦敦的活跃分子，他拥有自己的网站，并写了一本书，讲述了 30 个不同国家实施的项目。人们会在世界各地采取大大小小的行动，并在行动前后把各种照片发到网络上，有人行道上所铺石板大小的地块，也有很大的被抛弃的地块。城市当局对待这些行为在态度上总会不断变化，有些被他们设为目标的空间位于人群集中的交通岛上，因此游击园艺师可能是在晚上工作。

一般来说，现在对园艺游击队的接受度有所提高，理查德·雷诺兹的一个项目就是在伦敦的一个环状交叉路口上种春天开花的郁金香和夏天开花的薰衣草灌木。薰衣草收割之后被制作成香枕，然后售卖以帮助基金的进一步运作。在 2011 年，康沃尔公爵夫人像一个敏锐的园丁，加入到了薰衣草的收割队伍中。

游击园艺是对那些不雅观的废弃城市空间的一种自发回应，但就本质而言，通常只有短暂的寿命。从种子炸弹中生根发芽的花卉利用它们那短暂的色彩使荒地变得生动起来。在地面开始建设之前，这些地块就会被用来种植。交通岛被转变成了花园，为通勤者带来了短暂的欢乐。任何一个花园都会发生改变，也可能从此消失，但这些介入所带来的短暂愉悦对种植植物来说是一种庆祝。

任何东西都可以被用来盛植物——即使是这个蓝色的抽屉柜。

回收利用

全世界的村舍园艺者总是会利用现有的东西当成种植植物的容器：排水管、篮筐、滤器、杯子、衣箱、锡浴盆、茶壶、独轮手推车和所有可利用的家庭日用品。他们会把这些作为种植植物的壁架——溢出鲜花的衣箱、运动鞋、水壶、茶壶、小船或者是废旧的汽车。地中海的橄榄油罐头似乎特别适合用来种植罗勒和其他草本植物。另外，这里还有栽满景天属的老工作靴；被钉在围篱桩上，里面带孔的砖正好用来种植耐旱的石莲花；洒水壶不再用来盛水，但它们是用来种植草莓的绝佳容器。之前，"回收利用"这个词语是个常用词，这是一种不浪费任何事物的方式，同时也把一种趣味注入到了园艺中。

用旧工具混合制成的栅栏

利用那些可能被丢弃的东西是无意识的，那就是它的魅力所在。它与民间艺术进入花园一样，都是源于人们对单纯且本能的表达的需求。花园建筑可以装饰着贝壳或卵石，用破碎的陶器制成的镶嵌图案，用蓝色和绿色酒瓶底构筑的墙。一旦开始应用，它们就会变得令人着迷，越来越多的元素会被添加到花园创建中。

英格兰，阿尔尼克毒药花园
那引人注目的大门。

主题花园

花园也可以围绕着某个主题，可以是有教育意义的、鼓舞人心的、有独特氛围的，这使得设计具备了某个焦点。英格兰北部的阿尔尼克毒药花园（Alnwick Poison Garden）里面有那种一吞食即可致命的植物，但它们仍使得游客着迷和兴奋。这个花园包含了一百多种不同的植物，有些植物表面美丽，但其实是非常危险的。也许这是一个令人毛骨悚然的主题，但它按其自身的方式散发着迷人的魅力。在它那紧锁的大门内，它利用恐怖故事中的情节和意象来叙述与植物相关的传说与事实。

主题花园可以重塑一个历史时期，它可以是罗马花园、伊丽莎白花园或者边境移居者的花园。意大利境外最出色的罗马花园之一就是在葡萄牙北部废弃的科尼布里加镇被发现的。在华丽的更衣室、供暖系统和镶嵌图案之间，一个重新栽种植物的花园就坐落在带有柱廊的庭院里。鸢尾花生长在由砖块组成的抬高的弧形植床上，而植床则规整地坐落在带有喷泉的池子里。那些效仿过去的花园还有某些怀旧和抚慰心灵的东西。在美国，边陲花园里有白色的尖桩篱栅、草本植物、花和蔬菜，自给自足、自娱自乐，这给人们带来极大的乐趣。

美国加利福尼亚，玫瑰爬过了这个白色尖桩篱栅。

上图

加利福尼亚州马里布盖蒂别墅博物馆中的罗马花园

右页图

英格兰水泥动物园（Cement Menagerie）中的民间艺术

一个盛大的花园主题就在英格兰肯特拉凌斯通城堡（Lullingstone Castle）的环球乐园（World Garden）背后。植物以世界地图的形状排列着，根据原产国的不同被放置在特定的位置上。这赞美了那些冒着生命危险去寻找新品种并把它们带回来的无畏的植物标本采集者。汤姆·哈特·戴克（Tom Hart Dyke）确实冒着生命危险在北美与南美之间的达里恩沼泽（Darien Gap）寻找兰花。在被哥伦比亚游击队拘留的九个月内，他为自己的家设计了梦想花园。刚释放出来，他就在城堡花园中种植了8000种植物，这简直令人惊愕。

主题花园可以反映出修士宗派，比如专注于草药和治疗，或者像纽约中央公园那样栽种莎士比亚剧作中的植物。花园可以是一个故事，带给我们个体性和同一性。

独特的园林

靠近英格兰和苏格兰边境的北诺森伯兰郡，那里有一个独特的园林，距离16世纪弗洛登战址只有一小段距离。布兰科斯顿村中的水泥动物园大约包含了300座雕塑，其中主要是动物，它们被多年生植物、修剪的灌木和园林池塘包围着。沿着里面弯弯曲曲的道路闲逛是一种很奇特的经历，你会偶遇丘吉尔抽雪茄的雕塑，一个长颈鹿高高耸立在你的头顶，一群羊或者骑在骆驼上的阿拉伯的劳伦斯。这些特别的收集物是80岁的工匠约翰·法林顿（John Farington）在1962年开始制作的，为了逗他那患有脑瘫的儿子开心。他与同样退休的詹姆斯·贝弗里奇（James Beveridge）一起在铁丝网上浇铸水泥，然后用明亮的色彩在上面作画。像最不受拘束的奇异花园一样，它纯属是用来取悦自己的一个非常个性化的创造，当然结果是可喜的。

可能最古怪的花园就是波玛索的圣林（Bosco Sacro，宗教祭坛）。这个16世纪的意大利公园是皮埃尔·弗朗切斯克·奥西尼（Pier Francesco Orsini）在他的爱妻去世之后创建的，这个公园也被称为莫斯特里公园（Parco dei Mostri）或者怪兽公园。意想不到而又令人情绪不安的巨大的雕塑，许多都是用原生岩石雕刻出来的，在林地中隐约可见。这些石头的表面都被苔藓和藻类覆盖住了，呈现出

上图

意大利波玛索入口，一张打哈欠的嘴

右页图

妮基·桑法勒那不同寻常的花园

一片绿色，上面的符号已模糊不清，它们所产生的效果则令人难以忘怀。一所房屋以一种超现实主义角度倾斜在那里，汉尼拔（Hannibal）的战争中，大象袭击着一个罗马军团，这个巨大的动物把他那反攻的敌人撕碎了。一个巨大的面具底下鼻孔微张，嘴巴张得大大的，嘴巴里面的空间也经过了精细的雕刻。波玛索代表着离奇的高度，它是忧郁而奇特的，也是与众不同的。

创造某些超乎常规的事物，这种强制的思想驱使着人们，特别是艺术园艺者创造出的那些更多令人惊奇的公园。法国艺术家妮基·桑法勒（Niki de Saint Phalle）在 1979 年就开始致力于创建托斯卡纳区的一个花园，而她的设计基础则是塔罗牌里的大阿卡那牌。她那色彩鲜艳的纪念性雕塑创造出了一个大多数由女性人物组成的奇幻世界，上面镶嵌有

马赛克、镜片和油漆，有些大雕像里面竟然还有房间。在她创建这个花园的同时，她就住在女皇雕像里。这个花园是她对世界的一种探索，特别是对女性世界的一种探索。这种离奇古怪的花园并不能完全归为某种特定的艺术运动或者园林风格，它们来自于一个人的想象和信念。正是这种多变和古怪为巧妙的园艺带来了另一个维度。不管是一个极其古怪的花园还是一个小的搞怪细节，它都能让我们去思考，让我们高兴，让我们感到恐怖或者使我们的生活更加丰富。

园艺丰富了我们的生活，并向我们展示了如此多的种类。巧妙的花园设计会利用那些艺术工作中经常提及的元素——色彩、纹理、组成和所有其他艺术家和园艺者耳熟能详的术语。经验和技巧赋予了我们花园设计的深度，但最关键的素质就是要求我们对创作、原材料和将要栽种的植物保持一颗敏感的心。本书中绚丽的照片只是一个起点，接下来需要你自己去发现、去实践。享受观赏花园和创建花园的快乐，其余的自然而然地就会来了。

备忘录

原则 1　构成

1. 准备一大张纸，你可以在上面画出你的花园规划，或者使用不同公司提供的在线花园模板。

2. 仔细考虑整个空间中的行走路线，尝试从三个维度进行思考。

3. 这个花园是一个整体空间还是会分成小的特殊区域？

4. 花园的固定点在哪儿？

5. 想设计出规整的还是自由形式的花园？

6. 观察一下你的房屋，它是超现代的还是传统的建筑？花园能反映出房屋的建筑风格才是最好的。

7. 是否想在花园中设定一个特定的视角？

原则 2　尺寸与规模

1. 你的花园会占据多大的空间？

2. 你思考过花园的垂直方向吗？如果它很小，那么利用树木或者藤架创造出垂直线条会将我们的视线拉高。

3. 是否需要一面镜子将花园的空间感变得更大？

4. 如何转换视角才最得体？将大物体放在近处而小物体搁置远处，还是反过来比较好？

5. 花园中所有的要素比例得当吗？例如，铺石路的大小合适吗？或者对于所铺区域来说，它们是不是太大了呢？

6. 仔细考虑你想在花园中栽种的植物的大小。你是想栽种小巧、精美的植物还是高大的植物呢？这些会改变你观赏花园的方式，你的看法如何？

原则 3　线条、图案和形状

1. 在考虑铺道路时，你想到过要利用直线把视线聚焦在一个固定点上吗？或者利用一些隐藏的惊喜创造一次独特的旅行？

2. 是否想通过缩窄道路带给花园一种变大的错觉？

3. 如果你已经决定创建一座典型的规整式花园，考虑线条和图案将会如何安排。

4. 在一个非规整式花园中，如果你想委婉地指引观赏者游览花园，曲线或者被植物缓化的直线条会产生什么样的效果？

5. 重复使用同种颜色和图形在你的花园中创造出一个图案，或者利用大量特定品种的植物营造出一种氛围。

6. 是否需要使用有色沙子或鹅卵石来使图案更加明显？

7. 植床植物可以被用来创造复杂的图案，比如应用在抬高的护坡上或者花境边缘。

8. 灌木修剪法可以为花园增添多种形状和图案。在冬天，其优点异常突出。

原则 4　光线

1. 你的花园想朝北还是朝南？

2. 你在一天的不同时间里观察过你的花园吗？去观察光线是如何散射的。

3. 在炎热的夏季，是否需要搭建一个处所来遮蔽阳光？

4. 在偏北的气候中，你应该尽可能多地引入阳光。

5. 你想在园中设计出日落或日出的风景吗？

6. 树影会创造出生动的效果，修剪过的灌木也可以如此。

7. 人造光在晚上可以创造出奇特的视觉效果，有的区域利用适当的光线可以发挥独特的装饰效果。

原则 5　色彩

1. 你想用哪一种配色方案？柔和的颜色？强烈的、明艳的颜色？单一的颜色？

2. 你会在花园中的不同部分使用不同的配色吗？

3. 你会把花园设想成一个平静的避风港吗？这将会引导你去搭配使用颜色。

4. 大面积的强烈颜色会令人叹为观止，尤其在炎热地带。

5. 在选择颜色时，要从大自然中寻找灵感：比如太阳的橙色和红色，特定时间内大海的蓝色和银灰色。

6. 如果你正在规划一个会随着季节的变换而发生变化的花园，那么你可以考虑一下如何利用植物和花朵的颜色来反映出时间的变化。

7. 铺设一个能够在月光中闪闪发光的白色边缘。黄色也会拥有相同的效果。

8. 色彩与图案任意搭配的村舍花园同样很迷人。

9. 绿色有许多种变化，即使你的调色板上只有绿色，也不要有所限制。

原则 6　形态与纹理

1. 尝试把不同类型的叶子互相交叠在一起，看看这些叶面之间会如何相互作用。

2. 可以在花园中利用清新的小草或者蕨类植物创造出柔和优雅的气氛。

3. 像芦荟或者蓟这样有刺的植物会带来一种与众不同的感觉。

4. 尝试搭配不同的纹理去为花园增添趣味和不同的观感。

5. 利用物体相似的形状和形态来营造出一种静谧感。

6. 尝试混合具有反差的形体，创造出一种动感。

7. 使用不同的纹理和形态可以产生不错的效果，但使用过多，花园会变得凌乱不堪。

原则 7　节律

1. 流动的线条和形状会让人产生一种目不暇接的感觉。

2. 就像重复的颜色一样，重复的形状可以创造出一种节律感。

3. 从不同层次上思考种植问题。你可以创建垂直护坡或者凹陷区域。

4. 树篱也可以被种植在不同水平面上或者被修剪成不同的高度。

5. 在混合植物时，尝试创建一个在不同时刻会出现新生植物和花朵的花园。

6. 有些植物的颜色特别适合搭配秋天的金黄色，而有些植物可能在春天会拥有更加精美的形状。

7. 大量相似的植物或者少数具有强烈架构的品种会产生相同的效果。

原则 8　植物

1. 在选择植物的时候，你要设想一下花园在不同时期的样子。

2. 不要把低矮的植物放在前面，把高大的植物放在后面，你可以换种方式，在前面种植一些高大的植物，特别是这些植物具有穿透性时，会创造出与众不同的效果。

3. 设想一下不同水平面上的种植效果。你可以创造出立式的堤岸，甚至可以创造出凹陷区域。

4. 树篱可以被种植在不同水平面上，也可以被修剪成不同的高度。

5. 在混种不同的植物时，尝试创造出一个流动性的花园。随着植物的生长，以及不同时期花朵的开放，花园随时都会变生着变化。

6. 有些植物的颜色与秋天的金黄色特别搭配，有些则更多地向我们展示出春天的色彩。

7. 大量重复性的植物或者少量具有强烈结构感的植物可能会产生完全相同

的效果。

原则 9　材质

1. 尝试利用彩色的卵石、雕塑或者金属物体创造出引人注目的效果。

2. 砖头铺出的一条道路可能会与周边建筑的砖块交相呼应，创造出一种和谐感。与之类似，一面石头墙可能会与石头建筑交相呼应，创造出一种整体感和传统感。

3. 在引入材料时，可以考虑利用回收砖代替新砖，从而创造出一种更柔和的效果和更多变的颜色。

4. 木头的功能很多，不同形态的木头可以被使用在绿廊上、花园家具上，或者经过处理，用来铺设道路。

5. 不要排斥人造石头，因为它可以被附着上一层地衣或苔藓的铜绿色，这个过程非常迅速，之后会使它看上去比实际上老旧得多。

6. 在市区或者非常现代的花园中，玻璃、镀锌材料、生锈的金属或者有机玻璃被混杂在各种材料之间，创造出一种独一无二的观感。

7. 现在，越来越多的材料可以用于回收，它们都可以被应用于花园中。例如，回收轮胎的橡胶会有多种颜色，它们可以被用来铺路或者覆盖花境。

8. 考虑再利用或者重新利用某些物品。例如，把电话亭改成花园中的棚屋。

原则 10　思想与影响

1. 创建一个能够反映出个人品味和想象力的花园。

2. 生态运动已经对模仿自然景观、让植物自然播种和自然传播产生了兴趣。你在花园空间中会进行实践吗？

3. 构造搭配严谨的规整式花园是另一个极端，你可以创建一个包含自然空间和规整式空间的花园。

4. 花园是短暂的，因为随着叶子和花朵的生长和凋谢，它们永远不会保持原样。一个真正短暂的方法就是创建像史蒂夫·梅萨姆设计的那样的图案，一旦修剪的草开始发芽，它的效果也就消失了。

5. 在一个被遗弃的市区空间内创建一座花园可以为这些被忽略的区域带来美感，但需要特别认真对待，因为这可能会受到权威人士的反对。

6. 用一些意想不到的物品或者奇怪的形状为你的花园增添一丝怪异感。

7. 给花园设定一个主题。从爱丽丝梦游仙境到一种单一的颜色，只要富有感染力就可以采纳。

8. 不要害怕尝试！同时要享受其中！